초·초 재밌어서 밤새 읽는

수학 이야기

CHOU CHOU OMOSHIROKUTE NEMURENAKUNARU SUUGAKU

초·초 재밌어서 밤새 읽는

수학 이야기

사쿠라이 스스무 지음 | 김정환 옮김 | 계영희 감수

더숲

직사각형을 몇 조각으로 자른 다음 이어 붙여서 이등변삼각형으로 바꾸는 문제를 접해본 적이 있을 것이다. 이 문제는 일본 에도 시대의 수학책인『감자어가쌍지(勘者御伽双紙)』에 실린 문제를 변형시킨 것으로, '잘라 붙이기 퍼즐'이라는 수학 퍼즐이다. 이외에 동시대의 다른 수학책에도 다양한 잘라 붙이기 퍼즐 문제가 실려 있는 등 잘라 붙이기 퍼즐은 당시에 크게 인기가 있었던 것으로 보인다.

잘라 붙이기 퍼즐에서 많이 볼 수 있는 또 다른 유형은 직사각형을 잘라 붙여서 정사각형으로 만드는 문제다. 한편 정사각형을 여러 조각으로 잘라 여러 가지 모양을 만드는 퍼즐도 있는데, 이것이 바로 '세이 쇼나곤의 지혜의 판'이라는 실루엣 퍼즐이다(자세한 내용은 104쪽 참조).

옛날의 수학을 들여다보면, 사람들의 눈길을 끄는 흥미로운 문제가 많이 출판되었다는 점이 눈에 띈다. 친근한 문제, 센스 있는 그림, 수준 높은 출판물 등 여러 가지 요소가 복합적으로 작용하면서 사람들 사이로 수학이 스며들 수 있었다. 완성도 높은 수학 퍼즐 덕분에 일본 사람들은 어려서부터 부담 없이 수의 세계에 빠져들 수 있었고, 이것은 나아가 에도 시대에 우수한 수학자들을 배출하는 원동력이 되었다.

수학 교과서에 펼쳐져 있는 지극히 추상적인 풍경을 즐기려면 독특한 상상력이 요구된다. 여기에 익숙하지 않다면 수학책이 살풍경하고 단조로운 흑백의 세계로만 보일 것이다. 그러나 상상력을 발휘하면 그 풍경은 완전히 달라진다. 머릿속에서 수와 도형이 움직이기 시작하면서 생동감이 넘치는 스토리를 만들어낸다. 그리고 그 매력에 빠져들면 어느덧 '수'라는 주인공에게 감정이 이입된 자신을 발견하게 될 것이다.

이 책에서 나는 '수학의 입구'를 소개하려고 한다.

스마트폰을 작동시키는 계산, 피아노 조율 속에 숨어 있는 수, '슈퍼컴퓨터 케이(京)'에 담겨 있는 동양의 단위, 반에 생일이 같은 친구가 있을 확률을 계산하는 방법 등 우리 주변에 널려 있는 수와 도형들을 소개한다. 또한 숫자를 탐구하는 사람들에게도 초점을 맞췄다. 인간과 숫자가 엮어내는 드라마를 즐기는 것도 우리가 즐길 수 있는 수학의 즐거움 중 하나다.

이 책을 읽고 나면 독자 여러분의 마음속에 일어나는 어떤 변화를 느낄 것이다. 바로 그것은 우리의 내부에 사는 수와 도형들의 존재다. 그들이 우리에게 전하는 '소리 없는 속삭임'이 들리기 시작할 것이다.

계산은 여행
수식이라는 열차가 이퀄이라는 레일 위를 달리네

자, 아직 만나지 못한 수와 도형의 비밀을 찾아서 여행을 떠나자.

이 책은 사쿠라이 스스무의 베스트셀러 『재밌어서 밤새 읽는 수학 이야기』, 『초 재밌어서 밤새 읽는 수학 이야기』에 이은 세 번째 '재밌어서 밤새 읽는 수학' 시리즈다. 앞의 책과는 또 다른 색다른 재미와 흥미를 느낄 수 있다. 우리 생활과 밀접한 현금인출기에 사용되는 터치 패드의 원리, 물건을 구매할 때 필요한 어림 계산의 요령, 요즘은 상식이 되어버린 체중 감량의 지표 BMI 지수를 수학적으로 간단히 시뮬레이션해보는 재미, 라디오 시보가 '삐삐삐~'로 울릴 때 앞의 삐는 440헤르츠이고 뒤의 ~는 880헤르츠라는 등의 소소한 정보들이 우리를 즐겁게 한다.

필자는 요즘 대학생 딸과 함께 즐기면서 시청하는 방송 두 가지가 있다. 하나는 '쿡방'이라고 부르는 요리 프로그램이고, 또 하나는 명석한 남자 연예인 · 방송인('뇌가 섹시하다'고 해서 방송에서는 '뇌섹남'이라는 유행어로 불린다)들이 기상천외한 '뇌풀기 문제'를 푸는 프로그램이다. 후자에서는 주로 창의성 문제가 주어지는데 부모와 자녀가 함께 논리적 · 합리적 사고를 훈련하면서 수학적 사고를 키울 수 있는 좋은 방송이다. 이제 TV는 더 이상 바보상자가 아니라 가족 단위로 많은 정보를 얻고, 힐링도 할 수 있는 도구가 되었다. 창의성을 개발해야만 하는 시대적인 요구를 반영하는 것으로 보인다. 이때 문제나 문제 풀이의 방법은 학교에서 배웠던 정형화된 것이 아니다. 순발력도 요하는 문제들이고 역발상으로 접근해야 한다.

이 책은 청소년의 창의력 증진을 돕는 것은 물론, 부모와 자녀가 소통할 수 있는 이야깃거리를 제공하고 있다. 가령, 집에서 아이들과 주스를 마실 때 주스 캔의 높이와 둘레 중 어느 것이 더 긴지 쉽게 판단할 수 있는 방법, 가계부나 금전출납부를 쓸 때 사용하는 탁상용 계산기에 숨어 있는 '2220'의 비밀 등 다양한 수학 놀이의 아이디어도 가르쳐준다. 또한 직사각형을 정사각형으로 변형시키는 방법, 십자모양을 정사각형으로 만드는 묘미, 직사각형을 삼각형으로 만드는 방법을 이용해 부모가 아이들에게 마치 마술을 부리듯 깜짝 쇼를 보일 수도 있을 것이다.

대부분의 여성들은 반짝반짝 빛나는 액세서리가 진열된 쇼윈도를 지나면 비록 사지 않더라도 눈요기를 하면서 대리 만족을 하곤 한다. 이처럼 수학 문제를 반드시 연필로 종이에 쓰면서 답을 구하지 않더라도, 흥미진진하고 기상천외한 문제를 구경만 하더라도 수학적 마인드를 가질 수 있다고 필자는 생각한다. 쌍둥이 소수, 세쌍둥이 소수, 사촌 소수, 섹시 소수, 다섯 쌍둥이 소수 등 생소하지만 재미있는 소수들의 이름을 쇼윈도를 구경하듯이 익힌다면 독자들의 무의식에는 어느새 '수학 아이디어 창고'가 생겨 수학적 사고가 차곡차곡 쌓이리라고 믿는다.

중국 극동 지방에 서식하는 '모소 대나무'는 4년간 3센티미터밖에 못 자라지만, 5년이 되면 하루에 30센티미터씩 자라면서 6주에 무려 15미터의 높이로 자라게 되어 빽빽한 숲을 만드는 희귀종이다. 아이들의 성장이 늦다고 너무 조급해하지 않았으면 한다. 모소 대나무처럼 깊고 넓게 뿌리를 뻗치다가 어느 날 갑자기 급성장하는 대기만성형 아이일지도 모르니까. 부모와 함께 문제를 풀고, 생각을 공유하면서 다양한 상황 속에서 문제해결력을 기른다면 당장은 눈에 보이는 성장이 없더라도 모소 대나무 같은 급성장의 날을 기대해도 좋을 것이다. 창의를 필요로 하는 21세기에 이 책이 제공하는 수학 문제를 자녀들과 함께 맛있게 되새김하며 소중한 경험을 만들어보길 바란다.

계영희

(전 한국수학사학회 부회장, 현 고신대학교 유아교육과 교수)

차례

PART 1 초·초 재밌어서 밤새 읽는 수학

PART 2 수수께끼와 놀라움으로 가득한 수학

PART 3 황홀할 만큼 아름다운 수학

PART
1

초·초 재밌어서 밤새 읽는
수학

평소보다 1초 더 긴 하루 — 윤초 이야기

'오차'에서 시작되는 수학

'1년'이라는 시간은 '지구가 태양의 주위를 한 바퀴 도는 시간'을 기준으로 정해졌다. 그런데 사실 이 두 시간 사이에는 미묘한 오차가 있다. 1년은 정확히 365일이 아니라 365.2422일이다. 그래서 0.2422일이라는 끝수를 조정하기 위해 '윤일'을 사용한다.

1초라는 시간은 원래 지구가 한 바퀴 자전하는 시간을 기준으로 정해졌는데, '지구가 자전하는 시간의 $\frac{1}{86,400}$'이 1초의 정의였다. 다만 지금은 원자시계라는 매우 정확한 시계가 발명되어 원자시계를 기준으로 1초를 정의하고 있다.

1967년 국제도량형총회에서는 1초를 '세슘 원자가 91억 9,263만 1,770번 진동하는 시간'으로 정의했다. 이 세슘 원자를 사용하는 원자시계는 수십만 년에 1초의 오차밖에 나지 않을 만큼 정확하다.

원자시계 덕분에 시간을 정확하게 측정할 수 있게 되자 지구의 회전 속도가 일정하지 않다는 사실이 밝혀졌다. 태양이나 달의 인력, 해류나 대기의 순환, 지구 내부 핵의 움직임 등이 지구의 자전 속도에 영향을 끼치기 때문이다. 또한 지진도 지구의 자전에 영향을 준다는 사실이 밝혀졌다.

지구의 자전은 감시당하고 있다

현재 세계에는 두 가지 시각(時刻)이 존재한다. 지구의 자전을 기준으로 정해진 세계시(世界時)와 원자시계를 기준으로 정해진 국제원자시다. 앞서 살펴보았듯이 세계시와 국제원자시 사이에 오차가 발생하는데, 이 오차를 없애기 위한 것이 '윤초'다.

지구의 회전을 측정하는 국제기관인 국제지구자전좌표국(IERS: International Earth Rotation & Reference Systems Service)이 지구의

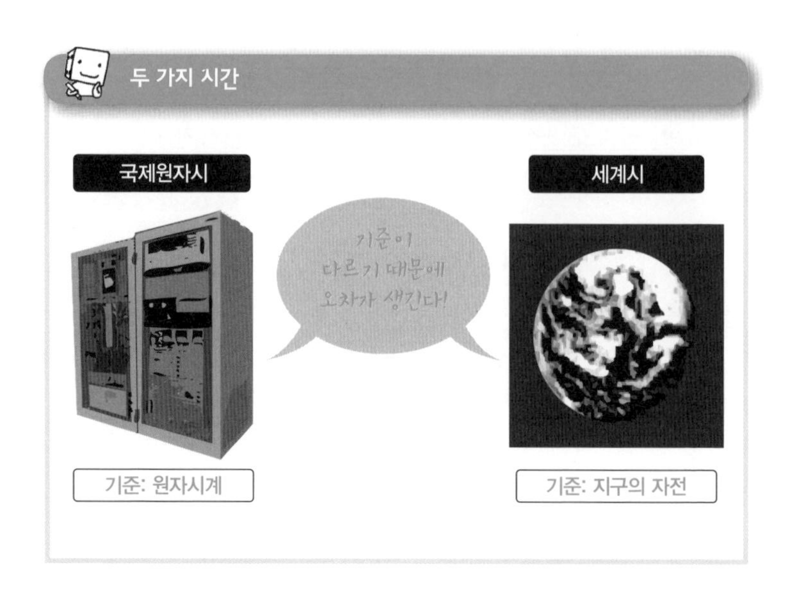

자전을 감시하다 세계시와 국제원자시에 오차가 발생하면 '윤초 삽입'을 결정하고, 그 지시를 바탕으로 전 세계가 일제히 '윤초 조정'을 실시한다.

윤초는 국제원자시의 시각을 1초 조정한다. 지금까지 26번 윤초로서 1초가 추가되었다(2015년 7월 1일 기준). 보통 23시 59분 59초의 1초 뒤는 0시 0분 0초가 되지만, 윤초가 실행되면 23시 59분 60초가 되며 1초 뒤에 0시 0분 0초가 된다.

윤년과 윤초는 모두 정확한 천체 관측과 시계를 추구한 결과 고안된 것들이다. 참고로 2012년은 윤년인 동시에 6월 30일에서 7월 1일로 날짜가 변경되는 순간에 25번째로 윤초가 실시된

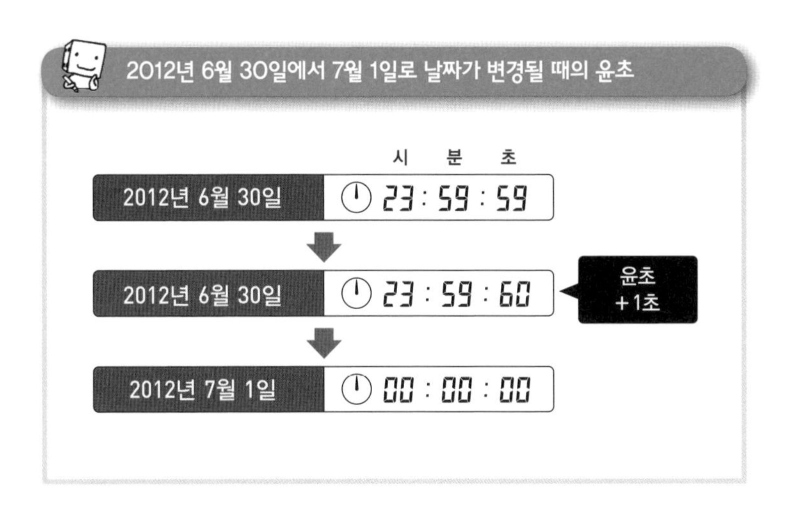

해이기도 했다. 한편 한국과 일본은 아홉 시간의 시차가 있기 때문에 7월 1일 오전 8시 59분 59초의 뒤에 윤초가 삽입되었다.

시간은 우리 생활의 기본이다. 1년, 1일, 1초라는 시간을 통해 수가 얼마나 우리에게 도움을 주는지 알 수 있다.

반에 생일이 같은 친구가 있을 확률

확률이란 무엇일까?

누구나 갓 입학했을 때나 다음 학년으로 올라가서 반이 바뀌었을 때 모르는 얼굴들에 둘러싸여 긴장했던 경험이 있을 것이다. 어색한 대화 속에서 어떻게든 이야깃거리를 찾아내려고 서로의 생일을 물어보던 것도 어른이 된 지금은 그리운 추억이다.

그러다 새 친구의 생일이 자신과 같기라도 하면 두 사람 모두 "와, 세상에 이런 일도 다 있네!"라며 깜짝 놀랐을 것이다. 좀처럼 일어나지 않는 일이라고 생각하기 때문이다.

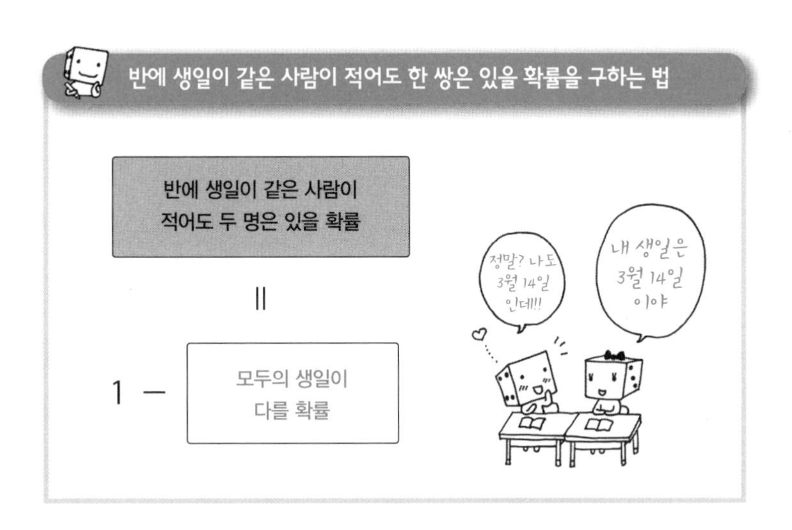

어떤 사건이 얼마나 자주 일어날지를 나타내는 수를 확률이라고 한다. 자주 일어나는 일이면 '확률이 높다', 거의 일어나지 않으면 '확률이 낮다'고 말한다. 반드시 일어난다면 '확률 100퍼센트'이며, 절대 일어나지 않는다면 '확률 0퍼센트'다. 비가 내릴 강수 확률이 80퍼센트라면 사람들은 대부분 우산을 들고 외출하지만, 30퍼센트라면 우산을 가지고 나갈까 말까 고민할 것이다.

생일이 같을 확률을 계산해보자

특정 일에 생일이 몰려 있지 않다는 전제 아래 반에 생

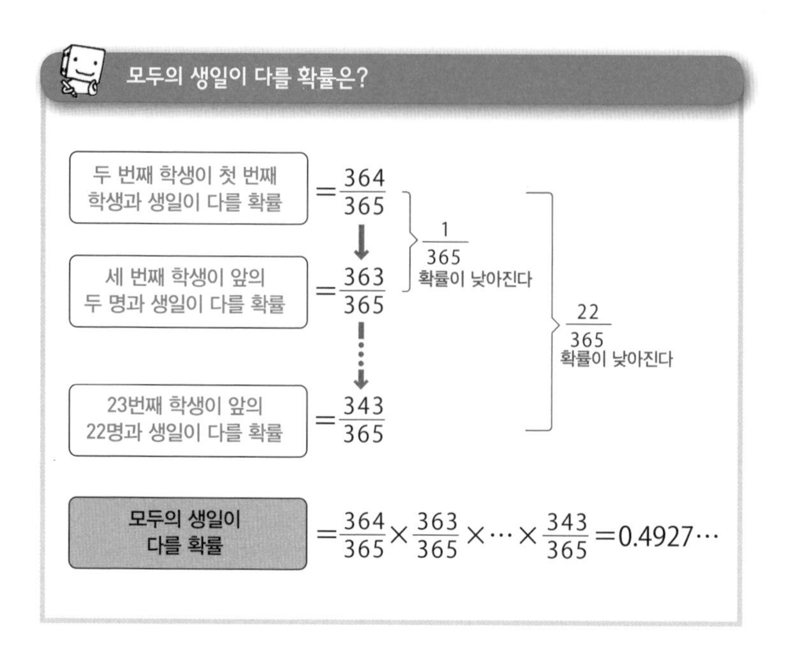

일이 같은 학생이 있을 확률을 계산해보자.

먼저 생일이 모두 다를 확률을 구한다. 두 번째 학생이 첫 번째 학생과 생일이 다를 확률은 $\frac{364}{365}$다. 세 번째 학생이 앞의 두 학생과 생일이 다를 확률은 $\frac{363}{365}$이다. 이렇게 생각하면 학급의 학생 수가 23명일 경우 23번째 학생이 나머지 22명과 생일이 다를 확률은 $\frac{343}{365}$이 된다. 그러므로 모두의 생일이 다를 확률은 각각의 확률을 곱한 $\frac{364}{365}\times\frac{363}{365}\times\cdots\cdots\times\frac{343}{365}=0.4927\cdots\cdots$이 된다.

이것을 반대로 생각하면 반에 생일이 같은 학생이 적어도 두

반에 생일이 같은 학생이 적어도 두 명은 있을 확률은?

$$1 - 0.4927 = 0.5073$$

약 50.7퍼센트라는 말은……
두 반 중 한 반에는
생일이 같은 학생이 있다는 뜻!

명은 있을 확률은 1−0.4927=0.5037이 된다. 50퍼센트가 넘는다는 말이다. 요컨대 학생의 수가 23명인 학급이 한 학년에 네 반 있다면 그중에서 50퍼센트, 즉 두 반에는 생일이 같은 학생이 있다는 뜻이다.

학급의 인원이 늘어나면 반에 생일이 같은 학생이 적어도 두 명은 있을 확률은 더욱 높아진다. 실제로 어느 정도 높아질까? 똑같은 방법으로 계산해보자. 학급의 인원이 35명보다 많아지면 확률은 80퍼센트가 넘어가므로 같은 반에 생일이 같은 학생이 있는 것이 전혀 신기한 일이 아니게 된다. 만약 학급의 인원이 57명이라면 그 확률은 무려 99퍼센트가 된다.

학급의 인원이 늘어나면……

• **35명일 경우**

모두의 생일이 다를 확률 $= \frac{364}{365} \times \frac{363}{365} \times \cdots\cdots \times \frac{331}{365} = 0.1856\cdots\cdots$

반에 생일이 같은 학생이 적어도 두 명은 있을 확률 $= 1 - 0.1856 = 0.8144$

약 81.4%!

• **57명일 경우**

모두의 생일이 다를 확률 $= \frac{364}{365} \times \frac{363}{365} \times \cdots\cdots \times \frac{309}{365} = 0.0099\cdots\cdots$

반에 생일이 같은 학생이 적어도 두 명은 있을 확률 $= 1 - 0.0099 = 0.9901$

약 99%!

반에 생일이 같은 학생이 적어도 두 명은 있을 확률

학급의 인원 (명)	25	28	30	33	35	38	40	57
확률 (%)	57	65	71	77	81	86	89	99

학급의 인원이 많아질수록 확률은 점점 높아진다!

수학적으로는 높은 확률로 일어날 수 있다

어렸을 때는 한 반에 누군가와 누군가의 생일이 같은 것이 매우 특별하고 좀처럼 보기 드문 신기한 일로 여겨졌다. 그러나 수학적으로 보면 사실은 상당히 높은 확률로 '일어날 수 있는 일'이었다. 순수하게 놀라던 당시를 떠올릴 때마다 웃음이 나면서도 그 시절이 그리워지곤 한다.

슈퍼컴퓨터 케이(京)와 페타

세계 최고의 슈퍼컴퓨터

2011년 6월과 11월에 계산 속도 순위에서 연속으로 세계 1위를 차지한 '슈퍼컴퓨터 케이(京)'. 일본의 슈퍼컴퓨터로는 2004년 이후 첫 세계 1위였다.

슈퍼컴퓨터 케이의 이름은 1초에 1경(京: 10^{16}) 회의 계산 능력에서 유래했는데, 여기서 '경'은 수의 크기를 나타내는 단위다. 그러면 우리가 평소에 컴퓨터를 사용하면서 친근하게 접할 수 있는 수의 단위에 대해 살펴보자.

메가, 기가, 테라, 그리고……

기억 용량은 디지털카메라나 스마트폰 등을 사용할 때 자주 접하는 용어다. 1990년대 후반만 해도 컴퓨터용 1기가바이트 하드디스크(HDD)의 가격이 10만 엔 정도였는데, 10년 이상이 지난 지금은 1테라바이트 하드디스크를 1만 엔도 안 되는 가격에 살 수 있다. 이와 같이 단위는 기술의 진보를 잘 보여준다.

동양권의 경우, 만(萬)보다 큰 수는 1만 배(10^4배)가 될 때마다 단위가 바뀐다. 가령 1만, 10만, 100만, 1,000만, 그리고 다음은 1억(億)이 된다. 반면 영어에서는 1,000배(10^3배)마다 킬로에서 메

SI 단위

SI 접두어				영어의 단위 (Short scale)	동양권의 단위
요타(yotta)	Y	10^{24}	1,000,000,000,000,000,000,000,000	Septillion	1자(秭)
제타(zetta)	Z	10^{21}	1,000,000,000,000,000,000,000	Sextillion	10해(垓)
엑사(exa)	E	10^{18}	1,000,000,000,000,000,000	Quintillion	100경(京)
페타(peta)	P	10^{15}	1,000,000,000,000,000	Quadrillion	1,000조(兆)
테라(tera)	T	10^{12}	1,000,000,000,000	Trillion	1조
기가(giga)	G	10^{9}	1,000,000,000	Billion	10억(億)
메가(mega)	M	10^{6}	1,000,000	Million	100만(萬)
킬로(kilo)	k	10^{3}	1,000	Thousand	1천(千)
		10^{0}	1	One	1(一)

가, 메가에서 기가, 기가에서 테라로 단위가 바뀐다.

앞 쪽의 표를 보기 바란다. 이 킬로나 메가 등을 'SI 접두어'라고 한다. SI는 국제단위계(The International System of Units)를 의미한다. 또한 만, 억, 경에 해당하는 단위도 다르다.

미국이나 영국에서는 '쇼트 스케일(Short scale)' 단위를 사용한다. Thousand(사우전드, 1천), Million(밀리언, 100만), Billion(빌리언, 10억), Trillion(트릴리언, 1조), Quadrillion(쿼드릴리언, 1,000조), Quintillion(퀸틸리언, 100경), Sextillion(섹스틸리언, 10해), Septillion(셉틸리언, 1자) 등이다.

SI 접두어는 요타(셉틸리언)가 끝이지만 쇼트 스케일은 그 위로도 계속 있다. 다음 쪽의 표를 보자. 가령 Duovigintillion(듀오비긴틸리언, 10^{69})은 1무량대수(無量大數, 10^{68})보다 크다.

마지막 단위인 Millinillion(밀리닐리언)은 숫자로 나타내면 1 뒤에 0이 3,003개나 이어지는 엄청나게 큰 수지만, 대승불교의 경전 중 하나인 『화엄경』에 나오는 단위(『초 재밌어서 밤새 읽는 수학 이야기』의 「가장 큰 수와 가장 작은 수는 어떻게 표현할까」 참조)에 비하면 훨씬 작은 수다. 참고로 Millinillion(10^{3003})은 『화엄경』에 나오는 단위인 아바라(阿婆羅, 10^{1792})와 다바라(多婆羅, 10^{3584})의 사이에 해당한다.

그 위로도 계속 있는 영어의 단위(쇼트 스케일)

Thousand	10^{3}
Million	10^{6}
Billion	10^{9}
Trillion	10^{12}
Quadrillion	10^{15}
Quintillion	10^{18}
Sextillion	10^{21}
Septillion	10^{24}
Octillion	10^{27}
Nonillion	10^{30}
Decillion	10^{33}
Undecillion	10^{36}
Duodecillion	10^{39}
Tredecillion	10^{42}
Quattuordecillion	10^{45}
Quindecillion	10^{48}
Sexdecillion	10^{51}
Septendecillion	10^{54}
Octodecillion	10^{57}
Novemdecillion	10^{60}
Vigintillion	10^{63}
Unvigintillion	10^{66}
Duovigintillion	10^{69}

Unviginticentillion	10^{366}
Trigintacentillion	10^{393}
Quadragintacentillion	10^{423}
Quinquagintacentillion	10^{453}
Sexagintacentillion	10^{483}
Septuagintacentillion	10^{513}
Octogintacentillion	10^{543}
Nonagintacentillion	10^{573}
Ducentillion	10^{603}
Trecentillion	10^{903}
Quadringentillion	10^{1203}
Quingentillion	10^{1503}
Sescentillion	10^{1803}
Septingentillion	10^{2103}
Octingentillion	10^{2403}
Nongentillion	10^{2703}
Millinillion	10^{3003}

킬로바이트에는 두 가지가 있다?

다시 본론으로 돌아가자. 기가에서 테라로 단위가 올라간다는 것은 1,000배를 의미한다. 가령 길이가 1기가미터에서 1테라미터가 되었다는 것은 길이가 1,000배 길어졌다는 뜻이다.

그런데 하드디스크의 용량은 사정이 조금 다르다. 디지털 전자계산기의 정보량을 나타내는 단위는 '비트(bit)'다. 1비트는 0과 1의 두 개, 2비트는 00, 01, 10, 11이라는 네 개의 정보량이다. 즉, 'n비트'는 '2^n' 개의 정보량이 된다. 그리고 8비트를 '1바이트'로 묶으며, 일반적으로 바이트를 메모리나 하드디스크의 정보량 단위로 삼는다.

1킬로바이트는 본래 1,000바이트지만 '2^{10}=1,024바이트'로 표기하는 것이 관례다. 2^{10}은 거의 1,000에 가까우므로 이와 같은 표기가 되었다. 그러므로 하드디스크의 용량이 '기가에서 테라로 바뀐다'는 것은 1,024배 늘었다는 뜻이다. 하드디스크를 구입하면 설명서에 이런 내용이 적혀 있다.

앞서 말했듯 최근 10년 사이에 하드디스크의 성능은 용량이 1기가바이트에서 1테라바이트로 약 1,000배 늘었고, 가격은 10만 엔에서 1만 엔으로 $\frac{1}{10}$이 되었다. 즉, 비용 대비 용량이 1만 배나 향상된 셈이다.

하드디스크의 용량

킬로바이트 (kB 또는 KB)	2^{10}	1,024 바이트
메가바이트 (MB)	2^{20}	1,048,576 바이트
기가바이트 (GB)	2^{30}	1,073,741,824 바이트
테라바이트 (TB)	2^{40}	1,099,511,627,776 바이트
페타바이트 (PB)	2^{50}	1,125,899,906,842,624 바이트
엑사바이트 (EB)	2^{60}	1,152,921,504,606,846,976 바이트
제타바이트 (ZB)	2^{70}	1,180,591,620,717,411,303,424 바이트
요타바이트 (YB)	2^{80}	1,208,925,819,614,629,174,706,176 바이트

자세히 계산하면……

1 킬로바이트 = 1,024 바이트

1 메가바이트 = 1,024 킬로바이트
= 1,024 × 1,024 바이트
= 1,048,576 바이트

1 기가바이트 = 1,024 메가바이트
= 1,024 × 1,024 킬로바이트
= 1,073,741,824 바이트

1 테라바이트 = 1,024 기가바이트
= 1,024 × 1,024 메가바이트
= 1,099,511,627,776 바이트

테라에서 페타로!

이제는 페타의 시대로 들어서고 있다. 지금의 전자계산기는 과거 슈퍼컴퓨터의 처리 속도를 가볍게 넘어선다. 계산기의 처리 속도를 나타내는 단위는 '플롭스(FLOPS, Floating point Operations Per Second)'다. 1플롭스란 부동(浮動) 소수점 연산을 1초에 1회 실행할 수 있는 처리 속도를 뜻한다.

예를 들어 플레이스테이션2 게임기의 처리 속도는 약 6기가플롭스다. 1970년대의 슈퍼컴퓨터인 'CRAY-1'의 처리 속도가 160메가플롭스였다는 점을 생각하면 대충 계산해도 플레이스테이션2의 처리 속도가 옛날의 슈퍼컴퓨터보다 약 37배나 향상되었음을 알 수 있다.

체스 전용 머신으로 개발된 IBM의 슈퍼컴퓨터 '딥 블루'는 1초 만에 2억 수 앞을 읽고 대전 상대가 무슨 생각을 하는지까지 예측하는 괴물 기계였다. 여기에는 상대의 수가 얼마나 효과적인지 판단하는 '평가 함수'라는 것이 사용되었다. 딥 블루는 당시의 체스 세계 챔피언과 대결해 이기기도 했다. 이런 딥 블루의 처리 속도가 11기가플롭스 정도였다. 이제 플레이스테이션2가 얼마나 고성능 기기인지 알 수 있을 것이다.

치열한 개발 경쟁으로 어느덧 테라플롭스를 넘어 마침내 페타플롭스의 단계로 돌입했다. 처음으로 1페타플롭스를 돌파

요타 이상의 SI 접두어가 필요하다?

	SI 접두어	동양권의 단위
10^{28}		1양(穰)
10^{27}		
10^{26}		
10^{25}		
10^{24}	1요타	1자
10^{23}		
10^{22}		
10^{21}	1제타	10해
10^{20}		1해
10^{19}		
10^{18}	1엑사	100경
10^{17}		
10^{16}	10페타	1경
10^{15}	1페타	1,000조
10^{14}		
10^{13}		
10^{12}	1테라	1조
10^{11}		
10^{10}		
10^{9}	1기가	
10^{8}		1억

한 것은 미국 에너지부의 핵무기 연구용 슈퍼컴퓨터 '로드러너(Roadrunner)'였다.

이제 슈퍼컴퓨터의 약칭인 '슈퍼컴'은 과거의 유물이 되고 '페타컴(페타플롭스 슈퍼컴퓨터)'의 시대로 들어섰다. 2010년 도쿄 공업대학이 일본 최초의 페타컴 'TSUBAME2.0'을 완성했다. 처리 속도가 2.4페타플롭스에 이른다. 2.4페타플롭스를 동양권의 단위로 나타내면 2,400조 플롭스가 된다.

이후 일본은 1경 플롭스의 슈퍼컴퓨터를 다음 목표로 삼았고, 그 결과 10페타플롭스의 슈퍼컴퓨터 케이가 탄생했다. 일본의 슈퍼컴퓨터가 세계에서 가장 빠른 컴퓨터가 된 것이다(그러나 2012년 6월에 미국의 슈퍼컴퓨터인 '세쿼이아'가 등장하면서 세계에서 가장 빠른 컴퓨터의 자리가 다시 바뀌었고, 2015년 현재는 중국의 '톈허2'가 가장 빠르다).

요타컴 대 자속(秭速) 계산기

경 단위의 처리 속도가 실현된 지금 미국의 목표는 그 100배인 1엑사플롭스 슈퍼컴퓨터인 엑사컴이다. 그러면 경쟁국들은 그 100배인 1해 플롭스 슈퍼컴퓨터 해속(垓速) 계산기를 개발한다는 목표를 세우지 않을까?

아니, 어쩌면 해나 제타를 훌쩍 뛰어넘어 요타와 자(秭)를 지향할지도 모르겠다. 마침 '1요타=1자'이므로 좋은 승부가 될 것이다. 아직까지 요타보다 큰 SI 접두어는 준비되어 있지 않으므로 그 다음 단계에는 새로운 SI 접두어가 만들어질 것이다. 그리고 일본은 SI 접두어가 아니라 무량대수까지 있는 동양의 단위를 사용할 수 있으므로 상관이 없다.

지금까지는 일본도 메가나 기가 같은 영어로 된 단위를 사용해왔지만, 슈퍼컴퓨터 케이(京)부터는 동양의 단위를 표기하게 되었다. 과학과 수학의 세계에서 동양의 단위를 인식하기에 이른 것이다.

지금까지 몇 초를 살았을까?

나이를 초 단위로 생각해보자

"나이가 어떻게 되나요?" 이 질문에 초 단위로 대답하는 사람은 없다. 대부분은 "○○살(○○세)입니다"라고 대답한다. 그래야 쉽게 알 수 있기 때문이다. 나이를 초 단위로 대답하면 상대방은 금방 이해하지 못한다.

우리는 매일 1초, 1초라는 시간 속을 살아가고 있다. 지나간 시간을 되돌아볼 겸, 태어나서 오늘까지 몇 초를 살았는지 계산해보자.

하루는 24시간, 1시간은 60분, 그리고 1분은 60초다. 요컨대 하루는 24(시간)×60(분)×60(초)=8만 6,400(초)가 된다. 또한 1년은 365일이므로 8만 6,400(초)×365(일)=3,153만 6,000(초)가 된다.

이 계산을 바탕으로 지금까지 살아온 시간의 길이를 초 단위로 나타내보자. 물론 정확하게 계산하려면 윤년이나 '1개월이 30일이냐 31일이냐'도 따져야 하겠지만, 여기서는 1년은 365일, 1개월은 30일로 간략화해서 계산하도록 하겠다.

1억 초는 몇 년일까?

나이가 3세인 아이는 지금까지 몇 초를 살아왔을까? 3,153만 6,000(초)×3(년)=9,460만 8,000(초)이므로, 거의 1억 초다.

물속에 얼굴을 담근 채 숨을 참으면서 얼마나 오래 견디나 내기해본 적이 있다면 알겠지만 그때 시간은 참으로 길게 느껴진다. 그에 비하면 1억 초는 정신이 아득해질 정도의 시간이다. 겨우 3세라고 해도 초로 바꿔보면 이렇게나 오래 산 것이다.

그렇다면 정확히 1억 초는 언제쯤일까?

1억(초)÷8만 6,400(초) =1,157.4……(일)이므로 1,157일에서

정확히 1억 초는 언제?

1,157일에서
1,158일 사이가
1억 초!

100,000,000(초) ÷ 86,400(초) = 1,157.4……(일)

1,157(일) = 365(일) × 3(년) + 30(일) × 2(개월) + 2(일)

1,158일로 날짜가 바뀌는 사이에 1억 초를 넘어간다는 계산이 나온다. 그리고 1,157일은 365(일)×3(년)+30(일)×2(개월)+2(일)이므로, 대략 3세 2개월 2일이 된다. 만약 어린 동생 혹은 조카가 있다면 이날에 '탄생 1억 초 기념 파티'를 열어주는 것도 재미있지 않을까.

다양한 나이를 초로 변환해보자

이렇게 계산해보면 초등학교를 졸업하는 만 12세는 3억 7,843만 2,000초이고, 성인이 되는 20세는 6억 3,072만 초가 된다. 회갑인 60세는 18억 9,216만 초, 희수(喜壽)인 77세는 24억

이때는 몇 초?

초등학교를 졸업할 때는……	31,536,000(초)×12(년)= 378,432,000(초)
성인식(20세)을 맞이할 때는……	31,536,000(초)×20(년)= 630,720,000(초)
회갑(60세)을 맞이할 때는……	31,536,000(초)×60(년)= 1,892,160,000(초)
희수(77세)을 맞이할 때는……	31,536,000(초)×77(년)= 2,428,272,000(초)
100세를 맞이할 때는……	31,536,000(초)×100(년)= 3,153,600,000(초)

2,827만 2,000초, 100세는 31억 5,360만 초이다. 수가 엄청나게 늘어나지 않은가.

참고로 10억 초는 31세 8개월 19일, 20억 초는 63세 5개월 3일, 30억 초는 95세 1개월 17일이 된다.

여러분도 자신이 몇 초를 살았는지 계산해보길 바란다. 아무것도 아닌 줄 알았던 날이 사실은 몇 억 초를 산 기념일일지도 모른다.

같은 시간의 길이라도 햇수로 파악하느냐 초로 파악하느냐에 따라 느낌이 완전히 달라진다. 가끔은 시간을 초 단위로 환산해 시간의 중요성을 곱씹어보아도 좋겠다.

10억 초, 20억 초, 30억 초를 맞이하는 시기는 언제일까?

10억 초를 맞이하는 때는

1,000,000,000(초) ÷ 86,400(초) = 11,574.07……(일)

↓

11,574(일) = 365(일) × 31(년) + 30(일) × 8(개월) + 19(일)

31세 8개월 19일

20억 초를 맞이하는 때는

2,000,000,000(초) ÷ 86,400(초) = 23,148.14……(일)

↓

23,148(일) = 365(일) × 63(년) + 30(일) × 5(개월) + 3(일)

63세 5개월 3일

30억 초를 맞이하는 때는

3,000,000,000(초) ÷ 86,400(초) = 34,722.22……(일)

↓

34,722(일) = 365(일) × 95(년) + 30(일) × 1(개월) + 17(일)

95세 1개월 17일

연령과 초 수의 비교표

연령	살아온 초 수
1세	31,536,000
3세	94,608,000
3세 2개월 2일	100,000,000
10세	315,360,000
12세	378,432,000
20세	630,720,000
30세	946,080,000
31세 8개월 19일	1,000,000,000
40세	1,261,440,000
50세	1,576,800,000
60세(회갑)	1,892,160,000
63세 5개월 3일	2,000,000,000
70세	2,207,520,000
77세(희수)	2,428,272,000
80세	2,522,880,000
88세(미수)	2,775,168,000
90세	2,838,240,000
95세 1개월 17일	3,000,000,000
100세	3,153,600,000
110세	3,468,960,000
120세	3,784,320,000

거울 나라의 회문수

거꾸로 읽어도 같은 수

'다시 합시다'처럼 앞에서부터 읽으나 뒤에서부터 읽으나 똑같은 문장을 회문(回文)이라고 한다. 그리고 12321처럼 앞에서부터 읽으나 뒤에서부터 읽으나 똑같은 수는 '회문수'라고 한다.

한 자릿수의 회문수부터 알아보자. 당연한 말이지만 한 자릿수인 0, 1, 2, 3, 4, 5, 6, 7, 8, 9는 전부 회문수다. 0은 앞에서 읽으나 뒤에서 읽으나 0이다. 다음으로 두 자릿수 가운데 회문수는 11, 22, 33, 44, 55, 66, 77, 88, 99로 아홉 개다.

세 자릿수의 회문수로는 101, 111, 121, 131, 141, 151, 161, 171, 181, 191, 202, 212, 222, 232, 242, 252, 262, 272, 282, 292, ……, 909, 919, 929, 939, 949, 959, 969, 979, 989, 999가 있다. 100부터 199까지 10개, 200부터 299까지 10개와 같은 식으로 각각 열 개씩 회문수가 있으므로 100부터 999까지는 전부 90개(10개×9)가 된다.

이런 식으로 회문수를 계속 찾아보자.

네 자릿수의 회문수는 1001, 1111, 1221, 1331, 1441, 1551, 1661, 1771, 1881, 1991과 같이 1000부터 1999까지 열 개가 있다. 따라서 세 자릿수의 경우와 마찬가지로 네 자릿수의 회문수는 90개가 된다.

다섯 자릿수는 어떨까? '먼저 1만부터 2만 사이의 숫자를 순서대로 살펴보자'고 생각할 수 있겠지만 하나하나 살펴보기에는 수가 너무 많다.

여기서 주목해야 할 것은 '십, 백, 천의 자리'다. 먼저 10001부터 19991까지를 세어보자. 이것은 000부터 999까지 회문수의 수와 똑같다.

000부터 090까지는 000, 010, 020, 030, 040, 050, 060, 070, 080, 090으로 열 개가 있다. 그리고 앞에서 살펴본 바와 같이 세 자릿수의 회문수는 101부터 191, 202부터 292, ……,

다섯 자릿수 회문수의 개수는……

10,001부터 19,991까지의 회문수의 개수			900개 (100개×9)
=000부터 999까지의 회문수의 개수			
000, 010, 020, 030, 040, 050, 060, 070, 080, 090(10개)	100개 (10개×10)		
101, 111, 121, 131, 141, 151, 161, 171, 181, 191(10개)			
⋮			
909, 919, 929, 939, 949, 959, 969, 979, 989, 999(10개)			
20,002부터 29,992까지의 회문수의 개수		100개	
⋮			
90,009부터 99,999까지의 회문수의 개수		100개	

909부터 999까지 각각 열 개씩으로 모두 90개였다. 그러므로 이것을 합치면 100개(10개+90개)인 셈이다.

그렇다면 20002부터 29992, 30003부터 39993, ……, 90009부터 99999에도 회문수가 각각 100개씩 있다는 뜻이므로 그 합계는 900개(100개×9)임을 알 수 있다.

회문수는 수가 계속되는 한……

회문수는 수가 계속되는 한 한없이 존재한다. 그런 회문수를 바라보고 있으면 마치 거울 나라를 헤매는 듯한 신기한 기분에 빠져든다.

3 이야기
— 인류는 3을 추구한다

3대 ○○

사람들은 흔히 무엇인가를 대표하는 것을 말할 때면 세 개를 꼽는 경향이 있다. 요컨대 '3대 ○○' 같은 식이다.

세계 3대 하천은 남아메리카 대륙의 아마존 강과 아프리카 대륙의 나일 강, 북아메리카 대륙의 미시시피 강이고, 세계 3대 미술관은 미국의 메트로폴리탄 미술관과 스페인의 프라도 미술관, 러시아의 에르미타주 미술관이다. 또 세계 3대 진미는 철갑상어의 알인 캐비아와 버섯의 일종인 송로버섯, 거위나 오리의 간인 푸아그라다.

그 밖에도 3권(입법, 사법, 행정), 빛의 3원색(빨강, 파랑, 초록색), 물질의 세 가지 형태(고체, 액체, 기체) 등 셋이 한 묶음을 이루는 개념은 일일이 열거하기도 어려울 정도로 많다. '둘은 너무 적고 넷은 너무 많으니 셋으로 하자'는 이유에서일까?

수학 세계의 3

수학의 세계에도 세 개가 한 묶음을 이루는 것이 있다. 바로 '점'이다. 세 점을 연결하면 생기는 면, 이것이 삼각형이다. 두 점만으로는 면을 만들 수 없다. 또한 평면의 세계는 삼각형으로 구성된다. 다음 쪽의 그림에서 보듯이 한 종류만 가지고 평면을 빈틈없이 채울 수 있는 정다각형은 정삼각형, 정사각형, 정육각형 세 가지밖에 없다.

먼 옛날 사람들은 수를 셀 때 하나, 둘, 그리고 그 이상은 '많다'로 표현했다. 이러한 흔적은 세계 곳곳에서 찾아볼 수 있다. 가령 나무가 많다는 뜻의 한자인 '수풀 삼(森)'은 나무(木) 세 개로 구성되어 있으며, 프랑스어로 3을 의미하는 'trois'는 '매우'를 뜻하는 'très'와 닮았다.

그 밖에도 세 개가 한 묶음을 이루는 것을 찾아보자.

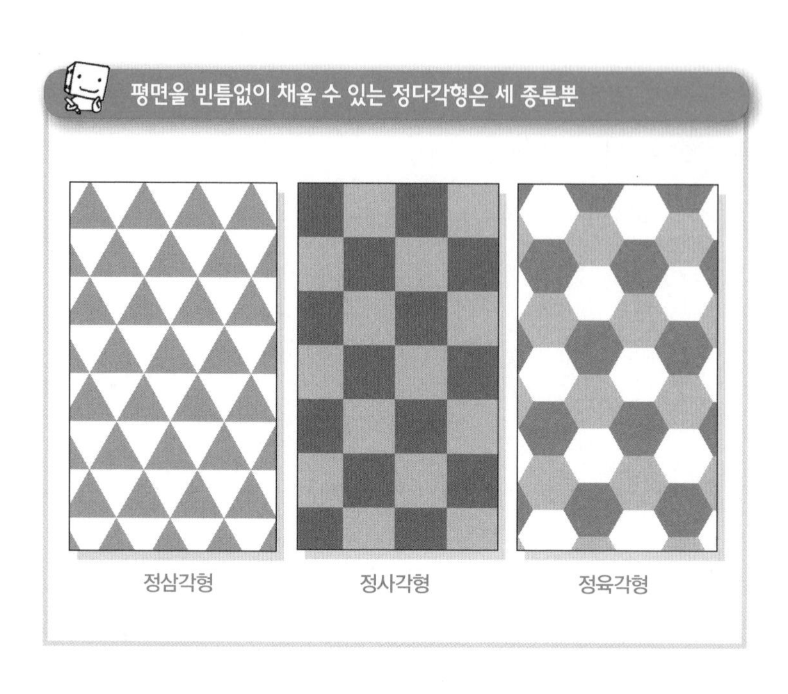

원주율을 3으로 놓으면 보이는 것

'원의 지름과 둘레의 비율'을 뜻하는 원주율의 값은 원의 크기에 상관없이 3.14로 일정하다. 원주율의 정확한 값을 구하기 위한 도전은 약 4,000년 전부터 시작되어 지금까지 소수점 이하 10조 자리까지 계산이 되었으며 여전히 진행 중이다.

그런데 원주율의 값을 소수점 첫째 자리에서 반올림하면 3이 된다. 원주율을 약 3으로 놓고 이것을 이용한 문제에 도전해 보자.

Q. 500밀리리터 용량의 주스 캔의 몸통 둘레와 세로 길이 중 어느 쪽이 더 길까?

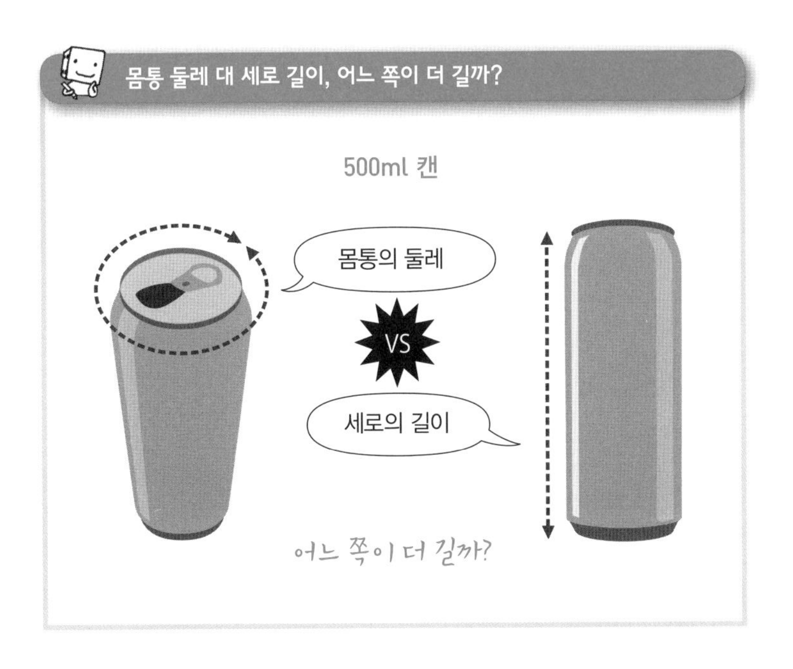

물론 줄자를 사용해서 각각의 길이를 재면 답을 쉽게 알 수 있겠지만, 도구 없이도 답을 구할 수 있다. 힌트는 원주율인 약 3이다.

다음 쪽의 그림과 같이 캔을 나열하면 답이 금방 나온다. '둘레의 길이가 세로의 길이보다 길다'는 사실을 한눈에 알 수 있을 것이다.

캔 세 개를 가로로 나열하면 그 폭은 몸통 지름의 정확히 세 배가 된다. '원둘레=지름×원주율'의 관계를 떠올려보자. 원주율이 약 3이므로 몸통의 둘레(캔의 원둘레)는 지름의 세 배다. 즉, 캔 세 개의 가로 폭(지름)을 나열하면 몸통 둘레(캔의 원둘레)의 대략적인 길이와 같아진다.

요컨대 캔 세 개를 나열하면 몸통 둘레가 일직선이 되었다고 생각할 수 있는 것이다. 그리고 나열한 세 개의 캔 위에 다른 캔 하나를 옆으로 눕혀 놓으면 캔의 세로 길이와 둘레를 쉽게 비교할 수 있다. 그 결과가 바로 아래 그림이다.

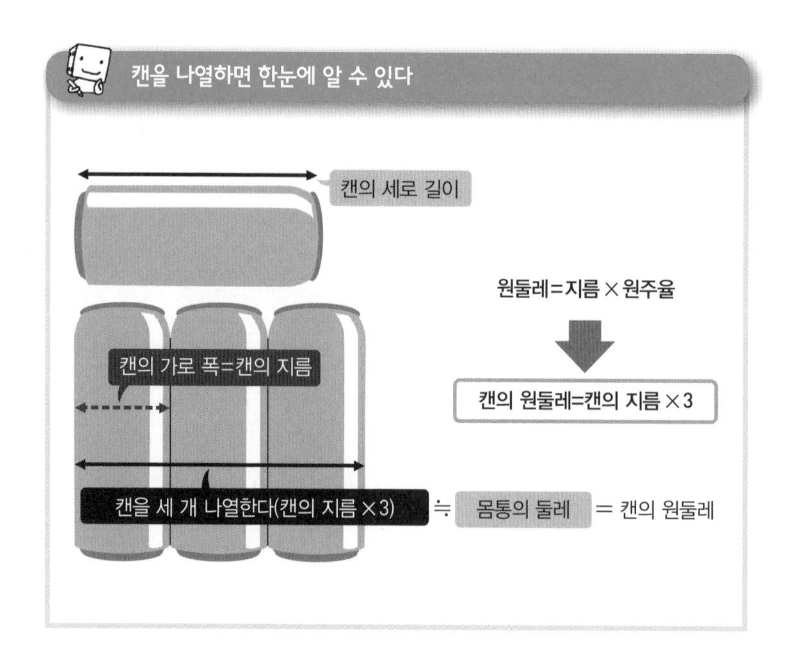

어떤가? 원주율을 약 3으로 생각했더니 줄자로 길이를 재지 않고도 문제를 풀 수 있었다. 원주율 3이라는 마술에 속은 것 같은 기분이 들지 않는가?

삼각형의 비밀① 무게중심

삼각형에는 특별한 점이 있다. 그중 하나인 '무게중심'을 찾아보자. 자와 컴퍼스를 사용해 공책에 작도를 하면서 읽는다면 이해가 쉬울 것이다.

먼저 일직선상이 아닌 곳에 세 점을 찍고 그 세 점을 연결해

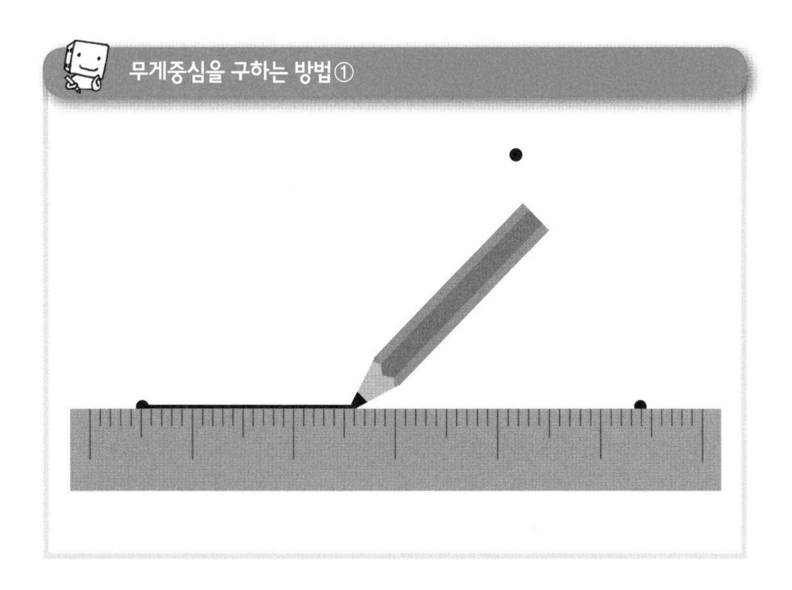

삼각형을 그린다. 이어 삼각형의 각 변의 한가운데, 즉 '중점'을 찾는다.

이때 자를 사용해서 길이를 재지 않고도 중점을 정확하게 찾을 수 있는 방법이 있다. 변의 양 끝 점을 중심으로 반지름이 같은 원을 그린다. 그러면 두 원은 두 점에서 만나며, 이 두 점을 연결한 직선은 원래의 변과 수직으로 교차한다. 이 직선을 수직이등분선이라고 부르며, 수직이등분선과 원래의 변이 교차하는 점이 중점이다.

이 방법으로 세 변의 중점 D, E, F를 구한다. 그리고 마지막으로 점 A와 점 D, 점 B와 점 E, 점 C와 점 F를 연결한다. 그러

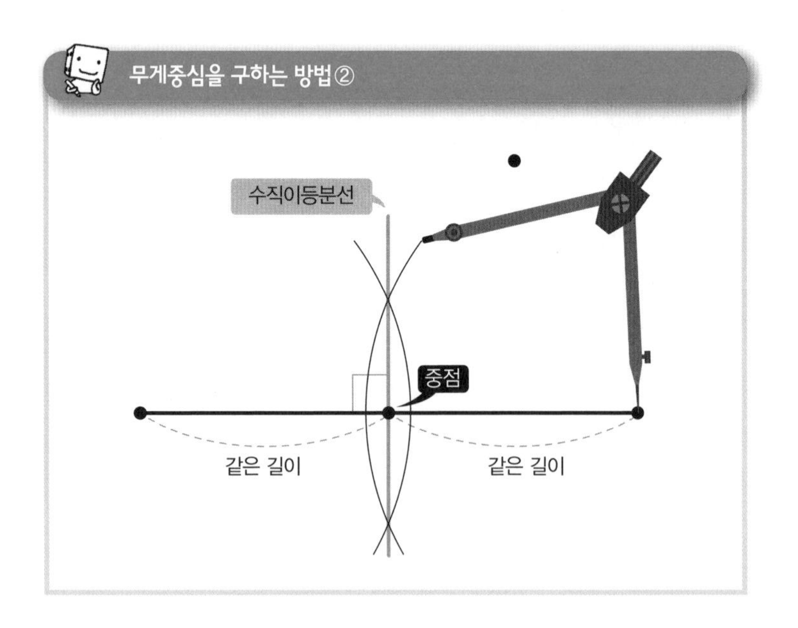

면 세 직선은 반드시 한 점에서 만날 것이다.

이것은 참으로 신기한 일이다. 두 직선이 한 점에서 만나는 것은 당연한 일이지만 아무렇게나 그린 세 직선이 한 점에서 만나는 경우는 거의 없기 때문이다. 시험 삼아 직선 세 개를 그려보면 금방 알 수 있을 것이다.

어떤 삼각형이든 변의 중점과 꼭짓점을 연결하는 세 직선은 반드시 한 점에서 만난다. 이 점이 무게중심이다.

마지막으로 '무게중심에서 꼭짓점까지의 길이'와 '무게중심에서 중점까지의 길이'를 자로 재어보자. 무게중심을 지나가는 세 선분(두 점 사이에 있는 직선 부분)의 길이의 비는 전부 2:1이다.

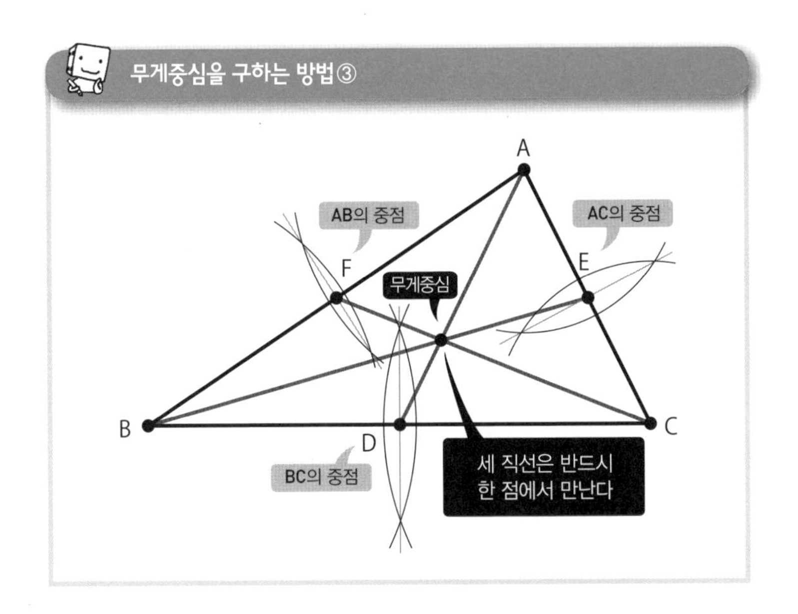

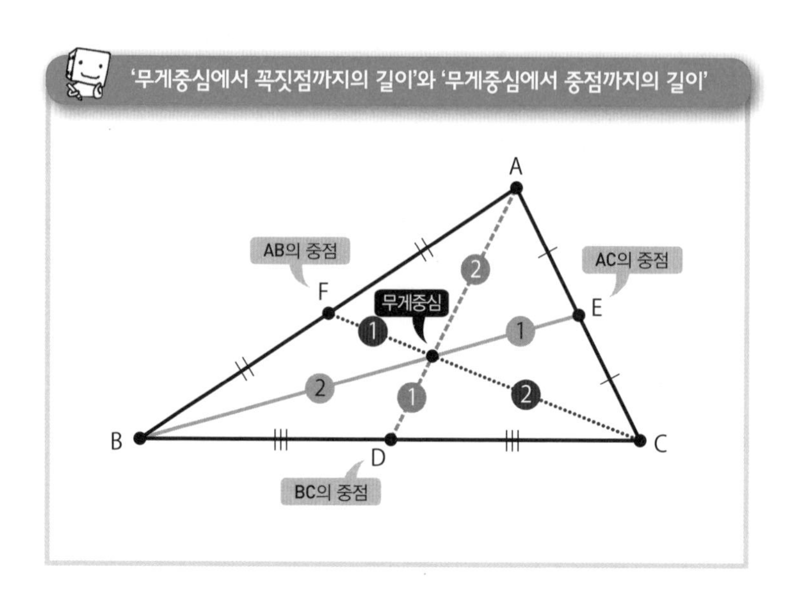

다양한 삼각형을 그려서 '무게중심의 비밀'을 확인해보자. 꼭짓점과 중점을 연결하는 세 직선이 한 점에서 만나는 순간 가슴이 두근거릴 것이다.

평범해 보이는 삼각형 속에 이렇게 수많은 비밀이 숨어 있는 것이다.

삼각형의 비밀② 외심

삼각형의 각 변의 중점과 맞은편에 있는 꼭짓점을 연결한 세 직선은 한 점에서 만나며 이 점을 무게중심이라고 부른다

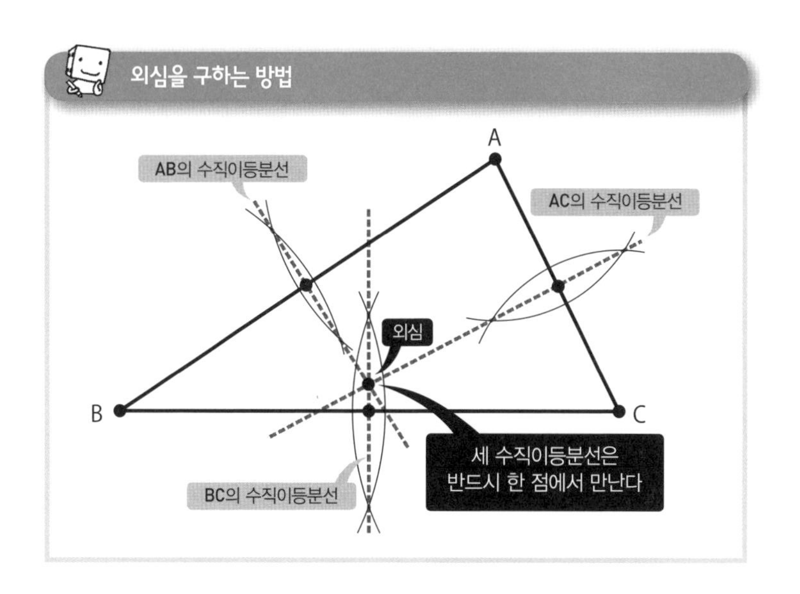

는 것은 이제 알았다. 그러면 다시 한 번 자와 컴퍼스를 사용해 무게중심을 그려보자.

이때 중요한 포인트가 있다. 각 변의 중점을 찾기 위해 그린 수직이등분선에 주목하자. 사실 세 수직이등분선은 반드시 한 점에서 만난다. 이 점을 '외심'이라고 한다.

외심에는 비밀이 숨어 있다. 컴퍼스를 사용해 그 비밀을 찾아보자.

삼각형 ABC의 외심에 컴퍼스의 바늘을 놓고 연필심을 삼각형의 점 A에 놓은 다음 원을 그려보면 연필심이 점 B와 점 C를 지나가는 것을 알 수 있다. 외심은 삼각형의 세 꼭짓점을 지나

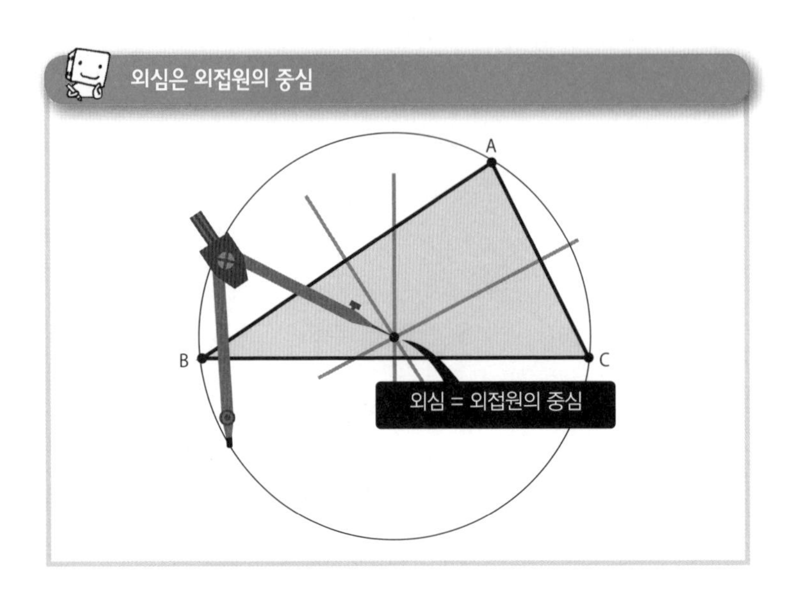

가는 원의 중심인 것이다.

"삼각형의 세 꼭짓점을 지나가는 원을 그리시오"라는 문제가 나왔을 때 무작정 그리려고 하면 정확하게 그리기가 쉽지 않다. 적당히 그린 세 직선이 한 점을 지나가기가 쉽지 않은 것과 비슷하다.

그러나 삼각형의 각 변의 수직이등분선을 그려서 교점을 구한 다음 그 교점을 중심으로 삼으면 원을 정확하게 그릴 수 있다.

삼각형의 세 꼭짓점을 지나가는 원은 삼각형의 바깥쪽에 있는 원이므로 외접원이라고 부른다. 외심은 외접원의 중심이라는 뜻이다.

다양한 모양의 삼각형을 그려보자. 그리고 각 변의 수직이등분선을 작도해 무게중심과 외심을 찾은 다음 외접원을 그려서 삼각형을 외접원 안에 넣어보자.

이와 같이 삼각형이라는 도형 속에서도 3의 신기한 마술을 발견할 수 있다. 세 점이 엮어내는 아름다운 삼각형의 세계를 천천히 음미해보길 바란다.

스마트폰을 작동시키는 좌표

터치 패널을 만지면 '좌표'가 계산된다

요즘은 역의 승차권 발매기나 은행의 현금인출기, 자동차 내비게이션, 스마트폰 등 일상생활 속에서 액정 화면을 만질 기회가 많다. 이른바 터치 패널이다.

터치 패널의 원리는 '화면의 어디에 손가락이나 터치펜이 닿았는가'를 인식하는 것인데, 이것이 바로 좌표 (X, Y) 인식 방법이다. 휴대전화나 PDA(휴대용 정보 단말기), 자동차 내비게이션 등에 탑재되어 있는 터치 패널에는 저항막 방식과 정전 용량 방식이 있다.

저항막 방식은 필름 두 장으로 구성되어 있어서 손가락이나 펜으로 눌렀을 때의 전압을 읽어 좌표를 파악하는 방식이다. 그러나 이 방식은 멀티 터치(손가락 두 개 이상으로 터치하는 것)에 적합하지 않다. 그래서 멀티 터치를 지원하는 최근의 스마트폰에는 정전 용량 방식이 사용되고 있다.

인체는 전기를 통과시키는 성질을 지니고 있다. 겨울에 문의 손잡이를 만지면 찌릿한 통증이 느껴지는데, 이것은 마찰로 발생한 정전기가 몸을 타고 흐르기 때문이다. 정전 용량 방식은 이 원리를 이용한 것이다.

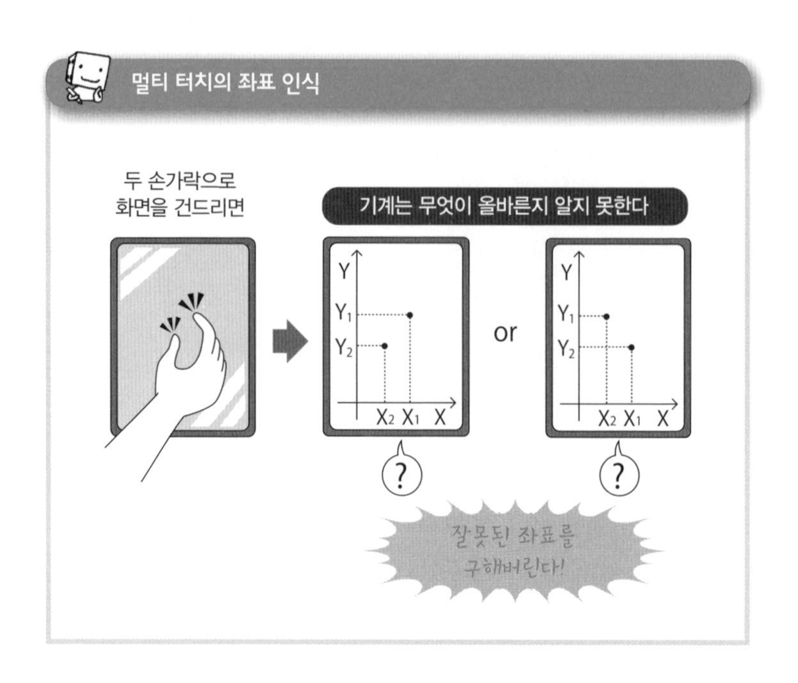

손가락을 터치 패널에 대면 터치 패널에 아주 약한 전류가 흘러서 터치 패널에 전기(전하)가 모인다. 문제는 이 전기의 양(정전 용량)을 어떻게 검출하느냐인데, 여기에는 몇 가지 방법이 있다.

표면형 정전 용량 방식은 화면 네 귀퉁이의 정전 용량의 변화를 파악해 X축 방향과 Y축 방향을 계산한다. 한편 투영형 정전 용량 방식은 X축 방향과 Y축 방향에 몇 개의 정전 용량 센서를 배치해 '어디에서 정전 용량이 변화했는가'를 파악한다.

그렇다고는 해도 '동시에 움직이는 두 손가락의 좌표를 정확하게 규정하기'는 쉬운 일이 아니다. 매우 섬세한 기술과 복잡한 과정을 거쳐서 실현된다.

이것이 얼마나 어려운 기술인지 잠시 살펴보도록 하자. 이 기술은 X축 방향과 Y축 방향에서 각각 다른 위치를 검출하고 그 양쪽을 조합해 좌표를 구하는데, 이때 복수의 점을 동시 검출하려 하면 X축 방향과 Y축 방향의 조합을 판별하지 못하는 '고스트 포인트'라는 잘못된 좌표를 구해버리게 된다.

예를 들어 두 손가락이 두 점 (X1, Y1) (X2, Y2)에 닿았다고 가정하자. 그러면 먼저 센서선 X1, 센서선 X2, 센서선 Y1, 센서선 Y2가 정전 용량의 변화를 감지하는데, 이때 두 점이 (X1, Y1) (X2, Y2)라는 조합인지 (X1, Y2) (X2, Y1)이라는 조합인지 알 수 없게 되는 것이다.

고스트 포인트를 해결하는 법

당연한 말이지만, 이 문제를 해결하는 기술은 이미 개발되어 있다. 손가락을 터치 패널에 댔을 때 '여러 센서의 정전 용량 변화를 동시에 측정'하면 고스트 포인트는 해소된다. 몇 개의 손가락으로 터치하더라도 각각의 절대 좌표를 식별할 수 있다.

또한 복잡한 손가락의 움직임이나 손가락 이외의 피부가 접

촉했을 경우의 판단 같은 고도의 정보 처리는 컨트롤러 IC에 내장된 소프트웨어가 담당하는데, 센서를 통해 얻는 그때그때의 좌표 데이터를 수시로 계산해 처리한다.

가령 '제스처 처리 알고리즘'은 시시각각으로 변화하는 센서 10개의 데이터에서 X 좌표와 Y 좌표를 산출하는 동시에 그 좌표의 이동 속도도 산출함으로써 드래그, 드롭, 회전, 확대 같은 동작을 식별한다.

화면 위에서 가볍게 손가락을 움직이며 컴퓨터나 스마트폰을 조작하는 것은 참으로 편리한 일이다. 수많은 기술과 방대한 좌표 계산이 이 편리함(좌표의 인식)을 실현해주는 것이다.

현금인출기에 사용되는 터치 패널의 원리

스마트폰이 등장하기 이전 현금인출기나 승차권 발매기에 사용되었던 터치 패널의 원리는 적외선 차광 방식으로, 앞에서 이야기한 정전 용량 방식보다 간단하다. 우리 눈에 보이지 않는 적외선을 세로 방향과 가로 방향으로 발사하는 발광다이오드(LED)와 광센서인 포토트랜지스터가 배치되어 있어서 손가락으로 화면을 건드리면 적외선이 차단된다. 이때 '적외선이 어디에서 차단되었는가'에 따라 손가락 위치의 X좌표와 Y좌표를 인식하는 방식이다.

터치 패널에 적외선 차단 방식을 적용한 데스크톱 컴퓨터가 있는데, 재미있는 점은 그 좌표를 '삼각 측량'으로 계산한다는 것이다. 승차권 발매기처럼 가로와 세로 두 방향으로 적외선이 지나가는 것이 아니라 디스플레이의 상단 좌우 구석에 LED가 부착되어 있어서 대각선으로 적외선이 방사된다.

삼각 측량은 지상이 측량의 무대인데, 액정 화면도 평면이므로 삼각 측량을 적용할 수 있는 것이다.

지상과 액정 화면을 똑같이 취급해 계산하는 수학의 위력과 그것을 응용하는 인간의 힘이 참으로 대단하다는 생각이 든다.

데카르트로부터 시작된 좌표 이야기

내게는 좌표라는 말에 대한 추억이 있다.

터치 패널에 사용되는 좌표는, 더 정확한 의미에서 직교좌표다. 일반적으로 좌표라고 하면 직교좌표를 가리키는데, 'X축과 Y축이 직교하는 좌표'라는 뜻이다.

그 밖에도 극좌표 등 원점과 좌표축을 어떻게 잡느냐에 따라 다양한 좌표 표현 방식이 있다. 이런 것들을 좌표계라고 한다. 직교좌표는 직교좌표계에 따른 것이다.

"나는 생각한다, 고로 존재한다"라는 말로 유명한 프랑스의 철학자 르네 데카르트(René Descartes, 1596~1650)는 수학자로서도 이름이 높다.

예전에 나는 영어 사전에서 데카르트를 찾아본 적이 있다.

Descartes 데카르트(1596~1650): 프랑스의 철학자, 수학자, 물리학자

그리고 그 형용사 형태가 'Cartesian'이어서 이것을 다시 찾아보니 아래와 같은 의미였다.

Cartesian coordinates 〔수학〕 데카르트 (직교)좌표

나는 좌표에 왜 데카르트의 이름이 있는지 궁금해져 조사를 했고, 데카르트가 직교 좌표를 고안했다는 사실을 알고 크게 놀랐다.

르네 데카르트
(1596~1650)

다시 'coordinates'라는 단어의 어원을 찾아보았다.

coordinate [형용사] 좌표의 직역이다
coordinates [명사] 좌표
orthogonal coordinate system [명사] 직교좌표계(직각좌표계)

'co-'는 'ordinate'에 붙은 접두어다. 'co-'에는 '함께, 같은 정도로, 동등하게, 파트너' 등의 의미가 있다.

다시 'ordinate'를 찾아보았다.

ordinate [명사] (수학) 세로좌표 ⇨ abscissa

세로좌표는 거의 사용되지 않는 용어지만, 말 그대로 Y좌표를 의미하는 말로 이해할 수 있다.

이어서 관련어인 'abscissa'를 찾아보았다.

abscissa [명사] (수학) 가로좌표 ⇨ ordinate

모르는 단어가 줄줄이 엮여 나와서 또 한 번 놀랐다.

'ordinate(세로좌표)'와 'abscissa(가로좌표)'를 더 조사해보니 고대 그리스 시대의 수학자인 아폴로니오스(Apollonius, 기원전 262년경~기원전 190년경)에 이르렀다. 그의 저서 『원뿔 곡선론』에 나오는 용어였던 것이다.

아폴로니오스는 원뿔을 평면으로 잘랐을 때 어떻게 자르느냐에 따라 단면이 타원, 포물선, 쌍곡선이 된다는 것을 연구한 사람이다. 'ordinate'와 'abscissa'는 이른바 좌표라는 개념이 아니라 단순히 세로선, 가로선이었던 것이다.

이 세로좌표(ordinate)와 가로좌표(abscissa)를 합쳐서, 요컨대 접두어 'co-'를 붙여서 'co-ordinate'라는 말을 사용한 사람은 독일의 수학자인 고트프리트 라이프니츠(Gottfried Wilhelm Leibniz, 1646~1716)였다.

아폴로니오스
(기원전 262년경~
기원전 190년경)

고트프리트 라이프니츠
(1646~1716)

좀 더 조사를 진행해보니, 데카르트는 아무래도 현재와 같은 좌표를 사용한 적이 없다는 사실을 알게 되었다. 좌표에 해당하는 것을 사용해서 곡선을 방정식으로 나타내기는 했지만 좌표라는 특별한 용어는 사용하지 않았던 것이다.

그럼에도 오늘날 'Cartesian'이 'Cartesian coordinates(데카르트 좌표)'라는 의미로 사용되는 것은 그만큼 데카르트의 공이 크다는 방증이라 할 수 있으리라.

여기까지가 'Descartes'에서 시작된 영어 이야기다.

좌표(座標)라는 말은 어디서 유래했을까? 여기에는 다음과 같은 사연이 숨어 있다.

메이지 시대의 수학자인 후지사와 리키타로(藤沢利喜太郎, 1861~1933)는 자신의 저서 『수학 용어 영일 대역 자서(数学用語英和対訳字書)』에서 "co-ordinate(axis)는 가로 · 세로 축이라는 번역이 있지만 co-ordinate(of a point)에는 번역이 없으므로 좌표(坐標)로 명명한다"라고 썼다. 그리고 이 책의 제2판에서는 "가로 · 세로 축은 평면인 경우는 상관이 없지만 입체, 즉 축이 세 개인 경우에는 적합하지 않으므로 좌표축(坐標軸)으로 바꾼다"라고 적었다.

후지사와 리키타로
(1861~1933)

하야시 쓰루이치
(1873~1935)

'좌표(坐標)'를 '좌표(座標)'로 표기하기로 결정한 사람은 수학자 하야시 쓰루이치(林鶴一, 1873~1935)다. 그는 坐는 '앉다'라는 의미의 동사이므로 명사인 座를 사용하는 편이 좋겠다는 의견을 내놓았다. 당시는 坐와 座를 구분해서 사용했다는 말이다.

하야시 쓰루이치는 "점의 위치를 의미하므로 성좌(星座)의 좌(座)가 더 잘 어울린다"라고 말하며 '좌표(座標)'를 지지했다.

지금은 터치 패널이 일상생활 속에 깊숙이 파고들었다. 우리는 자기도 모르는 사이에 좌표에 신세를 지고 있는 것이다.

좌표라는 말의 탄생 과정에 '성좌'가 관련되어 있다니 참으로 낭만적이지 않은가? 고대 사람들은 밤하늘이라는 좌표에 무수히 흩어져 있는 별을 연결해 아름다운 별자리 이야기를 만들어냈다. 그리고 우리는 현재 터치 패널 다음 세대를 향한 꿈을 꾸고 있다.

수의 뮤즈에게 헌정된 말들

수의 세계에 매료된 사람들

인류는 수의 세계를 여행하는 여행자다. 어떤 이는 넓은 바다로 향하고, 어떤 이는 높은 하늘로 올라가 대지를 내려다본다. 그리고 그 장대한 풍경에 매료된 여행자들은 때로는 길을 잃고 방황하기도 하면서도 하나의 진리에 도달한다.

신비하다고밖에 할 말이 없는 수의 아름다움은 사람들의 마음을 사로잡는다. 자연이나 예술과 같이 인간의 지혜를 초월한 영역이라는 착각까지 불러일으키는 수의 세계.

수의 세계의 뮤즈에게 헌정된 말들을 소개하겠다.

수학적 창조의 원동력은 사고력이 아니라 상상력이다.

오거스터스 드 모르간(수학자, 1806~1871)

가우스가 수학에 끼친 영향은 헤겔이 철학에 끼친 영향, 베토벤이 음악에 끼친 영향, 괴테가 문학에 끼친 영향에 비유할 수 있다.

D. J. 스트루이크(수학자, 1894~2000)

이 세상의 모든 말 가운데 가장 멋진 것은 인공적인 말, 최대한 압축된 말, 수학의 말이다.

니콜라이 로바쳅스키(수학자, 1792~1856)

새로운 발견은 전부 수학적인 형태를 띠고 있다.

찰스 다윈(자연과학자, 1809~1882)

심상치 않은 아름다움이 수학의 왕국을 지배하고 있다. 그것은 예술의 아름다움이라기보다 오히려 자연의 아름다움에 가깝다. 깊게 생각하는 지성은 자연의 아름다움과 마찬가지로 이 아름다움을 감상하는 기술을 지니고 있다.

에른스트 쿠머(수학자, 1810~1893)

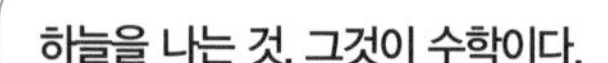

하늘을 나는 것, 그것이 수학이다.

발레리 치칼로프(구소련의 비행사, 1904~1938)

나는 세계를 이루는 구조의 깊은 내부에 빛을 비춘다.

고트프리트 라이프니츠(철학자, 수학자, 1646~1716)

수를 아는 것이 목적이 아니다. 수를 통해 자연이나 예술과 대화한다. 고금동서의 위인들이 전부 이렇게 말하고 있는 듯한 기분이 든다. 그런 기쁨을 맛보는 것이 우리 인류에게 주어진 특권이며 사명인지도 모르겠다.

깜짝 놀라는(!) 수 — '계승'

의자에 앉는 방법은 모두 몇 가지일까?

세 사람이 있다고 가정하자. 의자 세 개가 일렬로 늘어서 있을 때 세 사람이 의자에 앉는 방법은 모두 몇 가지일까?

세 사람을 각각 A, B, C라고 하면 '첫 의자에 앉을 수 있는 사람은 A, B, C', '다음 의자에 앉을 수 있는 사람은 첫 의자에 앉지 않은 두 사람', '마지막 의자에 앉을 수 있는 사람은 나머지 한 사람'이 된다. 따라서 의자에 앉는 방법은 3×2×1=6(가지)가 된다.

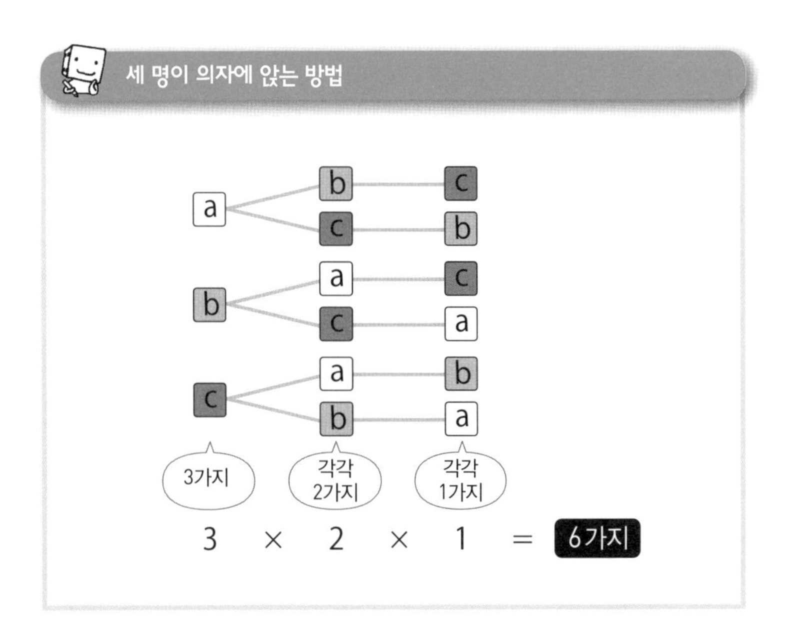

사람의 수가 네 명, 다섯 명으로 늘어난다면 앉는 방법은 몇 가지가 될까? 각각 4×3×2×1=24(가지), 5×4×3×2×1=120(가지)로 계산할 수 있다.

여러분이 가족이나 친구, 회사 동료를 모아서 파티를 연다고 가정하자. 그 경우 일렬로 나열된 의자에 앉는 방법은 전부 몇 가지가 될까?

파티에 모인 인원이 열 명이라면 10×9×8×7×6×5×4×3×2×1=362만 8,800(가지), 스무 명이라면 20×19×……×3×2×1=243경 2,902조 81억 7,664만(가지)나 된다. 만약 서른 명이라면 30×

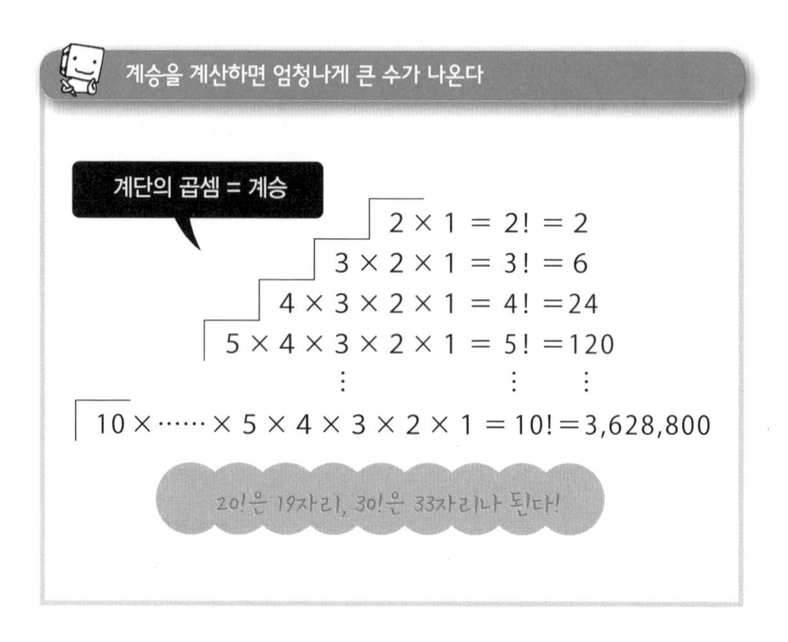

29×……3×2×1=2구 6,525양 2,859자 8,121해 9,105경 8,636조 3,084억 8,000만(가지)라는 입이 다물어지지 않을 만큼 큰 수가 된다.

'계승'은 깜짝 놀람(!)을 의미한다

이와 같이 늘어놓는 방법을 '순열'이라고 한다. 3×2×1과 같은 곱셈은 마치 계단처럼 보인다고 해서 '계승(階乘)'이라고 부르며, 3×2×1=3!와 같이 '!'를 사용해 표시한다.

왜 !를 기호로 사용할까? 처음에는 5!=120, 6!=720처럼 작은 수지만 10!은 일곱 자리, 20!은 19자리, 30!은 33자리……와 같이 맹렬한 기세로 커져서 '깜짝!' 놀라게 되는 계산이 계승이기 때문이다.

레스토랑이나 콘서트장 등에서 의자에 앉는 방법이 전부 몇 가지가 될지 계승으로 계산해보길 바란다. 일상생활 속에 이렇게 큰 수가 숨어 있다는 데 '깜짝!' 놀랄 것이다.

탁상용 전자계산기에 숨은 수수께끼 '2220'

어째서인지 답은 '2220'

탁상용 전자계산기에는 몇 가지 재미있는 계산이 숨어 있는데, 그중 하나를 소개하려 한다. 여러분도 탁상용 전자계산기를 준비해 같이 살펴보자.

탁상용 전자계산기의 숫자 키는 1부터 반시계방향으로 2, 3, 6, 9, 8, 7, 4의 순서로 나열되어 있다. 이 숫자를 세 개씩 순서대로 묶어서 네 개의 세 자릿수로 만들어보자. 1부터 시작해서 1로 돌아오는 덧셈을 하면 123+369+987+741이 되는데, 이것을 계산하면 값은 2220이 된다.

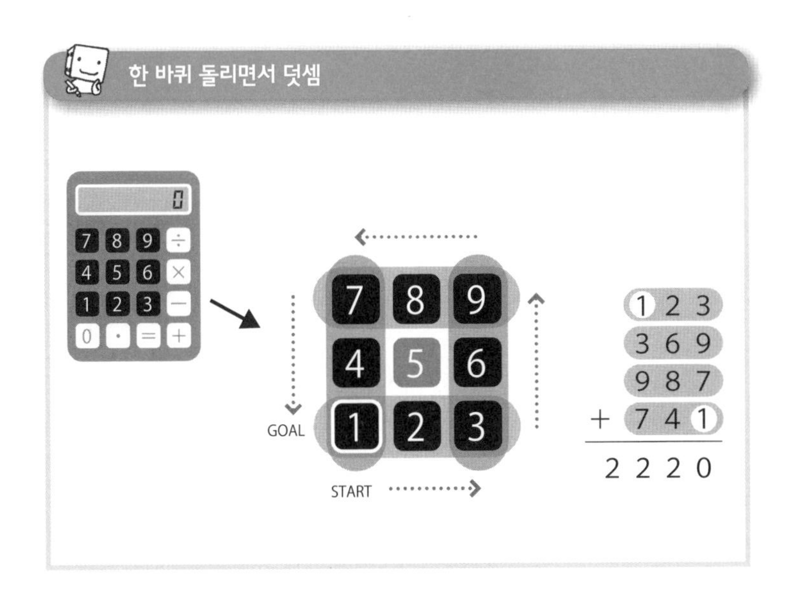

같은 방법으로 2부터 시작해서 2로 돌아오는 덧셈을 해보자. 236+698+874+412=2220으로, 역시 결과는 2220이다.

마찬가지 방법으로 3, 6, 9, 8, 7, 4부터 시작해서 덧셈을 해보자. 재미있게도 결과는 모두 2220이 된다.

이번에는 귀퉁이의 수(1, 3, 9, 7)를 각각 세 번 누른 수(세 자리씩)의 덧셈을 해보자. 111+333+999+777로, 이 결과도 역시 2220이다. 마찬가지로 각 변의 가운데 위치한 수(2, 6, 8, 4)를 세 번 누른 수를 더해보자. 222+666+888+444 이 또한 결과는 2220이다.

그렇다면 대각선의 세 수를 세 자릿수로 삼아 네 개의 수를

다양한 패턴으로 더해보면……

십자	대각선	변의 가운데	귀퉁이
7 8 9 / 4 5 6 / 1 2 3	7 8 9 / 4 5 6 / 1 2 3	7 8 9 / 4 5 6 / 1 2 3	7 8 9 / 4 5 6 / 1 2 3
258	159	222	111
654	357	666	333
852	951	888	999
+ 456	+ 753	+ 444	+ 777
2220	2220	2220	2220

더해보자. 어떻게 될까? 159+357+951+753=2220으로, 또다시 2220이다. 마지막으로 십자의 세 숫자를 세 자릿수로 삼아 네 수를 더해보자. 258+654+852+456=2220으로, 신기하게도 이것 역시 2220이다.

여러분도 탁상용 전자계산기를 손에 들고 '한 바퀴 돌리면서 덧셈', '귀퉁이', '변의 가운데', '대각선', '십자' 덧셈을 해보길 바란다. 그런 다음 종이에 계산식을 써서 덧셈을 확인해보자.

왜 모든 덧셈의 결과가 2220일까? 종이에 쓴 계산을 바탕으로 그 수수께끼를 파헤쳐보자.

계산을 잘 살펴보면……

123 369 987 + 741 2220	236 698 874 + 412 2220	369 987 741 + 123 2220	698 874 412 + 236 2220
987 741 123 + 369 2220	874 412 236 + 698 2220	741 123 369 + 987 2220	412 236 698 + 874 2220

2220의 수수께끼 풀이는 손 계산 뒤에

먼저 '한 바퀴 돌리면서 덧셈'을 살펴보자. 탁상용 전자 계산기의 숫자 키는 1부터 반시계방향으로 2, 3, 6, 9, 8, 7, 4의 순서로 나열되어 있다. 각각 1, 2, 3, 6, 9, 8, 7, 4를 시작점으로 '한 바퀴 돌리면서 덧셈'을 하고 이 여덟 가지 계산을 유심히 들여다보자. 결과는 전부 2220이다.

게다가 출현 순서는 달라도 123, 369, 987, 741을 더하는 계산과 236, 698, 874, 412를 더하는 계산의 두 종류로 나뉜다는 것을 알 수 있다.

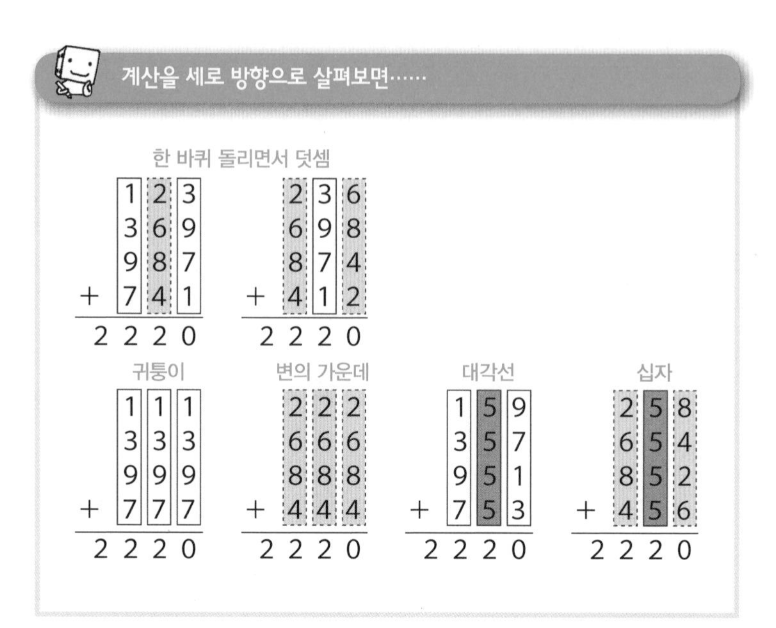

다음으로 다른 네 가지 패턴의 덧셈을 종이에 적어보자. 숫자키의 네 귀퉁이의 숫자로 만든 세 자리 수를 더한 '귀퉁이', 변의 가운데 위치한 네 개의 숫자로 만든 세 자릿수를 더한 '변의 가운데', 대각선으로 나열된 세 자릿수를 더한 '대각선', 십자로 나열된 세 자릿수를 더한 '십자'다.

여기에서 '한 바퀴 돌리면서 덧셈'의 두 종류와 다음 네 종류를 합친 여섯 종류의 계산을 세로 방향으로 놓고 살펴보자. 어떤 법칙이 보이지 않는가?

모든 계산이 '1, 3, 9, 7의 열'과 '2, 6, 8, 4의 열', 그리고 '5, 5,

5, 5의 열', 이렇게 세 종류로 구성되어 있음을 알 수 있다. 그리고 이 세 종류의 열의 합계는 전부 20으로 같은 값이 나온다.

요컨대 여섯 종류의 덧셈이 전부 백의 자리도 20, 십의 자리도 20, 일의 자리도 20이 된다는 말이다. 이것을 더하면 20×100+20×10+20×1=2220이 된다.

이렇게 해서 여섯 종류의 계산의 합계가 전부 2220이 되는 것이다. 언뜻 보기에는 열두 종류의 덧셈이지만, 분류해보면 전부 합계가 2220이 되는 이유를 알 수 있다.

탁상용 전자계산기를 회전시킨다

탁상용 전자계산기의 숫자 키를 사용한 세 자릿수의 덧셈의 결과가 전부 2220이라는 사실을 확인했다. 그리고 종이에 적어서 분류해보자 그 이유가 명확해졌다. 필산을 해보면 세로 방향으로 나열되는 수가 '1, 3, 9, 7', '2, 6, 8, 4', '5, 5, 5, 5'의 세 그룹 중 하나가 된다.

이것 외에도 답이 2220이 되는 덧셈이 또 존재할까? 사실 덧셈의 비밀을 알면 더 많은 예를 만들어낼 수 있다.

그 비밀은 '탁상용 전자계산기의 회전'이다. 먼저 1~9의 아홉 개 숫자 가운데 좋아하는 숫자 세 개를 골라서 세 자리 숫자를

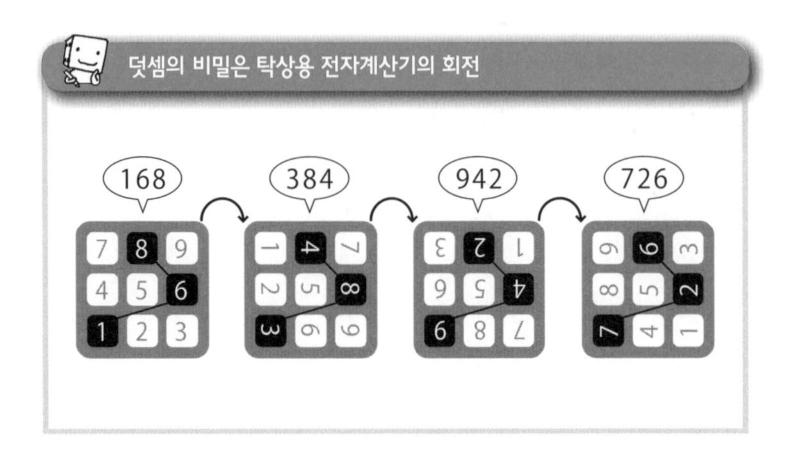

만든다. 같은 수를 골라도 상관없다. 이때 세 숫자 키의 위치와 순서를 기억해둔다.

다음에는 탁상용 전자계산기를 시계방향으로 90도 회전해서 처음에 선택한 숫자와 같은 위치와 순서로 세 자릿수를 만든다. 이 과정을 반복해서 네 개의 수를 만들고 이것을 전부 더한다.

예를 들어 168을 선택해보자. 세 자리 수는 168, 384, 942, 726이 되며, 그 합은 2220이 된다. 지금까지 소개한 '귀퉁이'나 '변의 가운데' 등의 계산 패턴도 같은 방법으로 얻을 수 있다.

이제 아홉 개로 구성된 숫자 키를 5를 중심으로 시계방향으로 90도 회전해보자. 다음과 같은 규칙에 따라 숫자가 나타난다. 1, 3, 9, 7은 1→3→9→7→1의 순서, 2, 6, 8, 4는 2→6→8→4→2의 순서, 5는 5→5→5→5→5의 순서다. 이것은 앞에서 분류한 세 그룹과 일치한다.

요컨대 탁상용 전자계산기의 숫자 키의 배열상 이 숫자들의 덧셈의 값은 항상 2220으로 정해져 있었던 것이다.

탁상용 전자계산기로 직접 여러 가지 예를 확인해보자. 비밀은 완전히 풀렸지만, 실제로 탁상용 전자계산기를 가지고 덧셈을 해보면 신기한 숫자의 세계 속을 헤매는 기분이 들 것이다.

인도의 마술사 라마누잔

라마누잔의 영감

스리니바사 라마누잔
(수학자, 1887~1920)

수학자 중 인도의 스리니바사 라마누잔(Srinivāsa Rāmānujan, 1887~1920)만큼 영감으로 가득한 독창적인 발견을 한 사람은 없었다. 32세의 짧은 생애 동안 그가 발견한 공식은 모두 3,254개다. 초난문인 '페르마의 마지막 정리'에도 라마누잔의 수학이 필요하다고 여겨졌을 만큼 후대의 수학에 큰 영향을 끼쳤다.

동인도의 가난한 브라만 계급으로 태어난 라마누잔은 어려서부터 매우 우수한 학생이었다. 15세에 친구에게 선물 받은 영국의 수학 공식집을 본 뒤 수학에 매료된 그는 이 공식집에 있는 정리나 공식을 전부 자신의 힘으로 증명하는 데 몰두했다. 이 과정에서 수학에 대한 재능이 꽃폈다.

라마누잔은 수학 이외에는 어떤 것에도 흥미를 느끼지 못했다. 대학도 중퇴했다. 그 후 항만 사무소에서 일하기 시작했는데, 자신을 이해해주는 상사 덕분에 수학 연구에 계속 몰두할 수 있었다.

점차 주위 사람들 사이에 라마누잔의 수학 연구가 알려지기 시작했지만, 수준이 너무 높은 탓에 아무도 이해를 하지 못했다. 라마누잔은 영국의 수학자에게 연구 성과를 보여주라는 권유를 받고 편지를 썼지만, 편지를 받은 런던의 수학자 중 대부분이 그 내용을 이해하지 못해 반송해버렸다.

영국의 수학자 하디와 만나다

오직 한 사람, 케임브리지 대학교의 G. H. 하디(Godfrey Harold Hardy, 1877~1947)만이 라마누잔의 재능을 간파했다. 라마누잔의 편지에는 이미 알려져 있는 정리도 있었지만, 하디 본인도 알지 못하는 결과나 진위를 판정할 수 없는 것 등 천재가 아니고서는 얻을 수 없는 계산 결과가 정리되어 있었던 것이다.

하디에게 인정받은 라마누잔은 영국으로 건너가 케임브리지 대학교에서 수학 연구를 시작했다. 그러나 영국에서의 생활에 적응하지 못했다. 5년 뒤 인도로 돌아가지만 끝내 병으로 세상을 떠났다.

영국에서도 오랫동안 입원 생활을 했기 때문에 라마누잔이 실질적으로 수학 연구에 몰두한 기간은 3년 정도에 지나지 않았다. 하지만 이 기간 동안 그는 독창적인 업적을 쌓았다.

케임브리지 대학교에서 라마누잔이 발표한 논문에는 전부 하디의 이름이 함께 올라 있다. 라마누잔은 엄밀한 증명을 일체 하지 않고 하디가 대신 증명을 했기 때문이다.

케임브리지 대학교에서 연구하는 동안 라마누잔은 매일 아침 하디를 찾아가 여섯 가지 정도의 새로운 정리를 건네는 것이 일상이었다고 한다.

여신이 정리를 속삭여준다?

어떻게 정리를 이끌어냈냐고 하디가 물으면 라마누잔은 "나마기리 여신이 혀 위에 써주었습니다"라고만 대답했다.

라마누잔의 계산은 그 자신조차 설명하기 어려운 내용이었던 것이다. 게다가 독학으로 수학을 공부한 탓에 수학을 전공한 학생이라면 당연히 알 만한 정리조차 모르는 경우도 있었다.

하디는 그런 라마누잔을 타박하지 않고 존중했다. 라마누잔에게 증명의 방법론을 가르치면 오히려 그의 영감을 해칠 우려가 있다고 생각해 자신이 라마누잔 대신 증명을 했던 것이다.

여신이라고 하면 초자연적으로 들릴 수도 있겠지만, 라마누잔을 아는 연구자들은 이것을 어떤 의미에서는 당연하게 생각했다. 라마누잔이 내놓은 결과는 인간이 한 것이라고는 생각되지 않을 만큼 놀라웠기 때문이다. 초월적인 계산 능력이 라마누잔의 수학 영감의 원천이었던 것 같다.

방대한 계산 끝에 보편적 법칙, 즉 정리가 나타난다. 그러면 하디는 그 사고 과정을 열심히 증명의 형태로 완성해나갔다.

택시의 번호판을 보고 순간적으로 계산하다

라마누잔의 비범한 능력을 잘 보여주는 일화로 '택시수'가 있다. 입원한 라마누잔을 병문안하러 온 하디가 "타고 온 택시의 번호가 아무런 의미도 없는 1729였네"라고 말했다. 그러자 라마누잔은 곧바로 "그렇지 않습니다. 1729는 매우 재미있

라마누잔의 항등식과 택시 수

라마누잔의 항등식

$$(6a^2 - 4ab + 4b^2)^3 + (3b^2 + 5ab - 5a^2)^3$$
$$= (6b^2 - 4ab + 4a^2)^3 + (3a^2 + 5ab - 5b^2)^3$$

택시 수

$$12^3 + 1^3 = 10^3 + 9^3 = 1729$$

는 수입니다"라고 대답했다. 하디가 그 이유를 묻자 라마누잔은 "1729는 두 세제곱 수의 합으로 나타낼 수 있는 가짓수가 두 가지인 가장 작은 자연수거든요"라고 대답했다.

위의 수식을 보자. 라마누잔은 이미 '라마누잔의 항등식'과 택시 수를 발견했고 이것을 바탕으로 1729에 대해 계산을 했는지 모르지만, 그렇다 하더라도 놀라운 계산력이다.

수열을 무한히 더하는 무한급수

라마누잔이 업적을 세운 분야로 '무한급수'가 있다. 무한급수는 어떤 수열을 무한히 더하는 것으로, 옆 쪽의 그림과

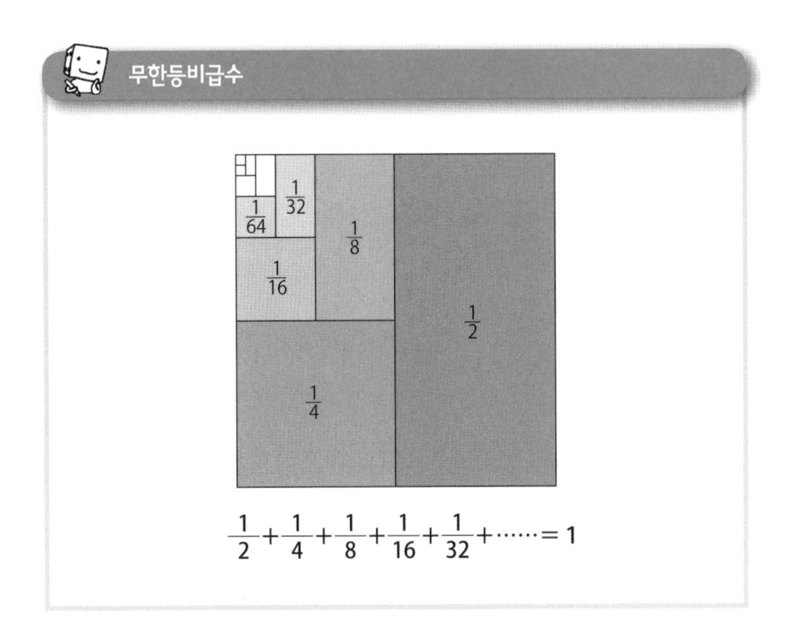

같은 예를 무한등비급수라고 한다.

라마누잔은 원주율의 무한급수 공식도 발견했다. 이 공식은 형태가 매우 복잡하다. 어떻게 이런 식을 도출했는지 도저히 짐작이 가지 않는 신비한 공식이다. 시험 삼아 첫 두 항(n이 0과 1일 경우)을 계산하기만 해도 3.14159265라는 아홉 자리의 원주율을 얻을 수 있다.

라마누잔의 공식은 지금도 슈퍼컴퓨터로 원주율을 계산할 때 사용된다.

라마누잔이 발견한 원주율의 무한급수 공식

$$\pi = \left(\frac{2\sqrt{2}}{99^2} \sum_{n=0}^{\infty} \frac{(4n)!(26390n+1103)}{\{4^n \cdot 99^n \cdot n!\}^4} \right)^{-1}$$

$$\pi = \left(\sum_{n=0}^{\infty} ({}_{2n}C_n)^3 \frac{42n+5}{2^{12n+4}} \right)^{-1}$$

경이로운 라마누잔 예상

라마누잔은 놀라운 예상도 했다.

다음 쪽의 수식을 보자. '라마누잔 예상'이라고 부르는 이 수식은 증명에 새로운 해석이 필요하다고 여겨졌으며, 50년 이상이 지난 1974년에야 비로소 옳다는 것이 증명되었다.

라마누잔은 신비한 계산을 통해 수많은 정리를 발견했다. 라마누잔의 업적에는 그가 발견하지 않았다면 아무도 발견하지 못했을 것이라고 평가받는 정리도 다수 포함되어 있다.

라마누잔은 비록 일찍 세상을 떠났지만, 수학의 경이를 유감없이 만끽했을 것이다.

라마누잔 예상

$$\sum_{n=1}^{\infty}\frac{\tau(n)}{n^s}=\prod_{p\,:\,소수}^{\infty}\frac{1}{1-\tau(p)p^{-s}+p^{11-2s}}$$

$\sum$는 급수, $\prod$는 누적곱의 기호.

$1-\tau(p)\,p^{-s}+p^{11-2s}$의 s는 전부 $\mathrm{Re}(s)=\frac{11}{2}$ 위에 있을 것이다.

사토 미키오(佐藤幹夫)의 공헌 이후
들리뉴(Pierre Deligne)가 1974년에 증명했다.

라마누잔은 자신의 정리에 대한 증명을 남기지 않았다. 그를 대신해 하디를 비롯한 수많은 수학자들이 나중에 엄밀한 증명을 완성했다. 일단 증명이 된 정리는 영원히 뒤엎어지지 않고 수학의 전정한 토대가 되어 그 위에 새로운 연구를 쌓아나갈 수 있게 된다.

수학의 증명에는 단순한 확인이라는 의미 외에 '해석'이라는 의미도 담겨 있다. 하나의 정리에도 그 배후에는 광대한 세계가 펼쳐져 있으며, 언뜻 보면 다른 것 같은 세계가 사실은 깊은 곳에서 연결되어 있다.

학교에서 배우는 수학 증명은 아무래도 전형적인 증명을 암

기하는 데 그치기 쉽다. 그러나 지루해 보이는 수학도 사실은 이렇게 수많은 수학자들의 영감과 해석을 통해서 만들어진 오묘한 세계인 것이다.

PART 2

수수께끼와 놀라움으로 가득한 수학

세이 쇼나곤 지혜의 판과 정사각형 퍼즐

정사각형에 둘러싸여 사는 우리

주위를 둘러보면 우리는 수많은 정사각형에 둘러싸여 있다. 색종이, 손수건, 스카프, 키보드의 키, 스마트폰의 아이콘, 미닫이문의 격자, 바닥이나 벽의 타일, 양복의 체크무늬…….

정사각형은 어떤 모양일까? '네 변의 길이가 모두 똑같고 네 모서리의 각도가 모두 직각(90도)인 사각형'이라고 정의할 수 있다.

그 밖에도 정사각형에는 '같은 길이'와 '직각'이 숨어 있다. 어

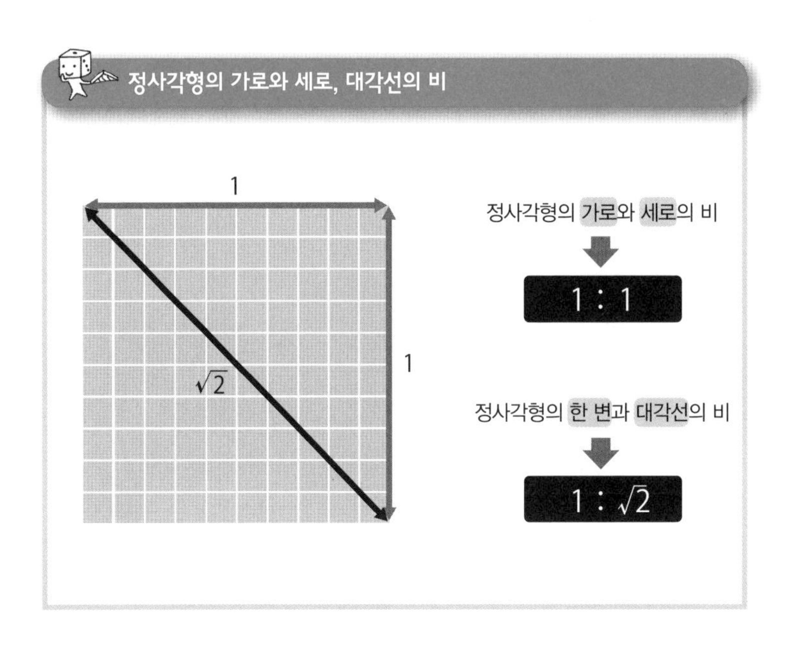

디에 숨어 있을까? 정사각형에 대각선을 두 개 그어보자. '대각선은 직각으로 교차하며 그 길이는 같다'는 사실을 알 수 있다. 정사각형의 '한 변의 길이와 대각선의 길이의 비'는 '1 : $\sqrt{2}$(=약 1.41)'이다.

정사각형의 이 성질을 이용해서 두뇌 체조를 해보자. 더 많은 정사각형의 비밀에 다가갈 수 있을 것이다.

직사각형으로 정사각형 만들기 ①

정사각형 만들기 수수께끼에 도전해보자.

Q. 가로와 세로의 길이가 각각 1미터, 2미터인 천이 있다. 이 천을 적당히 자르고 이어 붙여서 정사각형을 만들려면 어떻게 해야 할까? 두 가지 방법을 생각해보자.

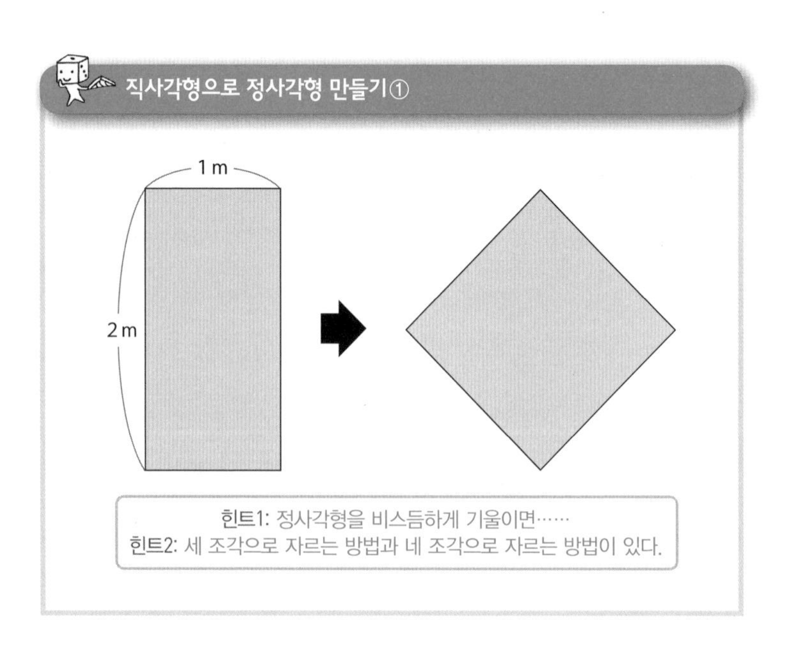

직사각형으로 정사각형 만들기②

Q. 가로와 세로의 길이가 각각 16미터, 9미터인 천이 있다. 이 천을 적당히 자르고 이어 붙여서 정사각형을 만들려면 어떻게 해야 할까? 앞의 문제와 비슷해 보이지만 전혀 다르다.

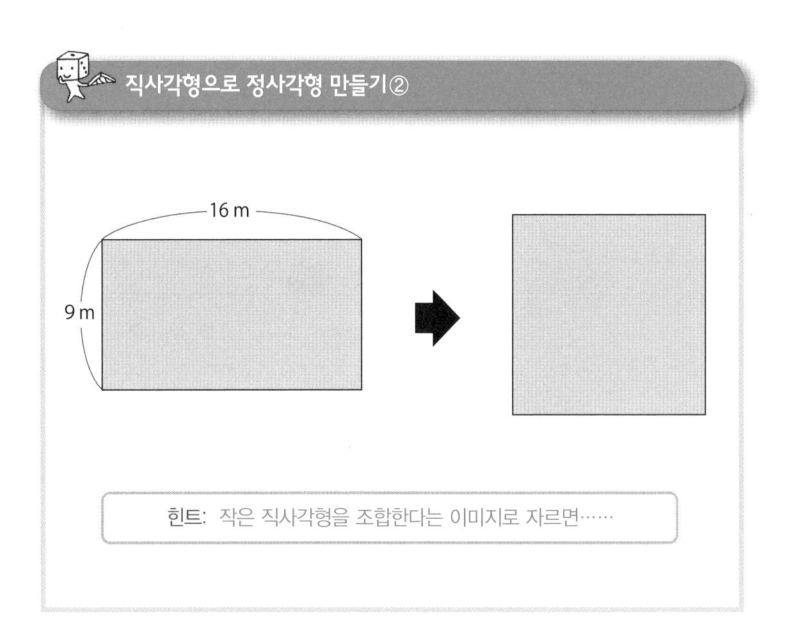

십자 모양으로 정사각형 만들기

Q. 아래 그림과 같은 십자 모양의 천이 있다. 이 천을 적당히 자르고 이어 붙여서 정사각형을 만들려면 어떻게 해야 할까?

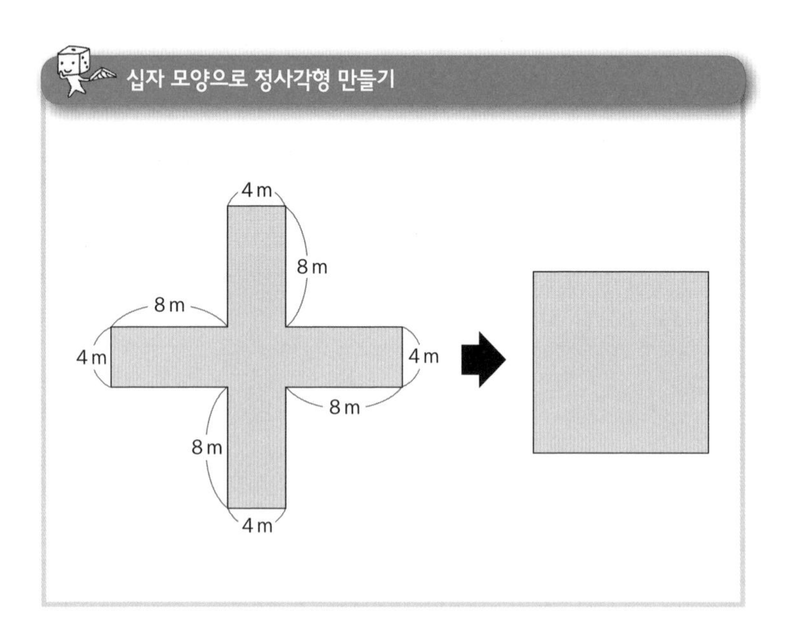

옛날에도 인기 있었던 '잘라 붙이기 퍼즐'

사실 이 문제는 역사가 꽤 오래되었다. 에도 시대에 쓰

여진 책 『화국지혜교』와 『감자어가쌍지』에 이 문제가 실려 있다. 이런 문제를 '잘라 붙이기'라고 불렀다.

이제 잘라 붙이기 문제의 답을 살펴보자. 아래와 다음 쪽의 그림을 확인하길 바란다. 어떤가? 답을 알고 나면 '뭐야, 이런 거였어?'라는 생각이 들 것이다. 그러나 까다로운 문제를 앞에 두고 머리를 쥐어짜며 이것저것 시도해보는 데 즐거움이 있다. 그러다 정답을 맞혔을 때의 기쁨은 문제를 풀어본 사람만이 알 수 있다.

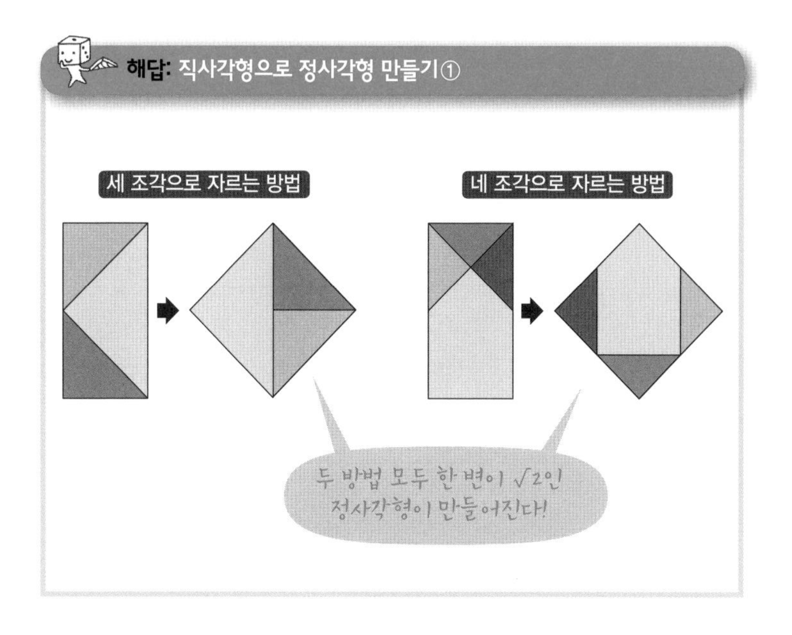

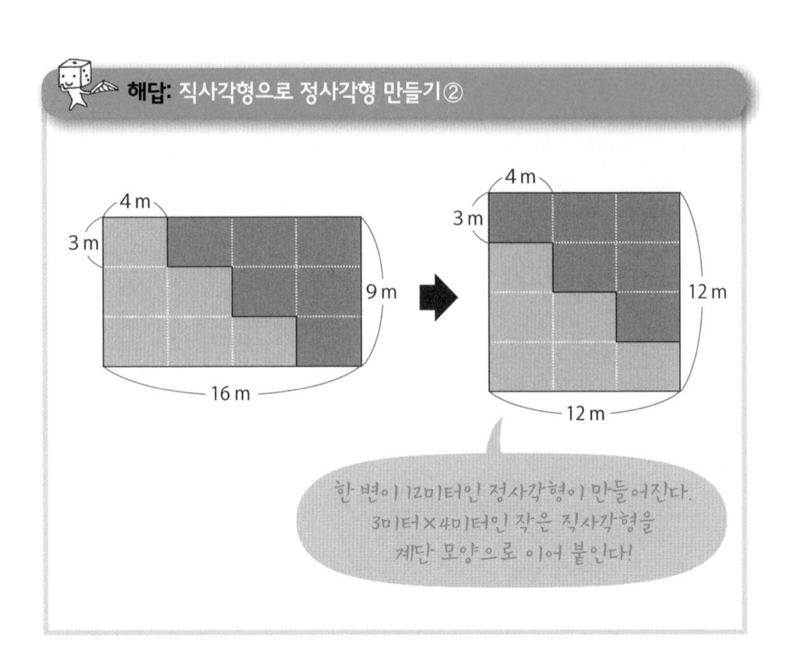
해답: 직사각형으로 정사각형 만들기②
4 m
3 m
9 m
16 m
4 m
3 m
12 m
12 m
한 변이 12미터인 정사각형이 만들어진다.
3미터×4미터인 작은 직사각형을
계단 모양으로 이어 붙인다!

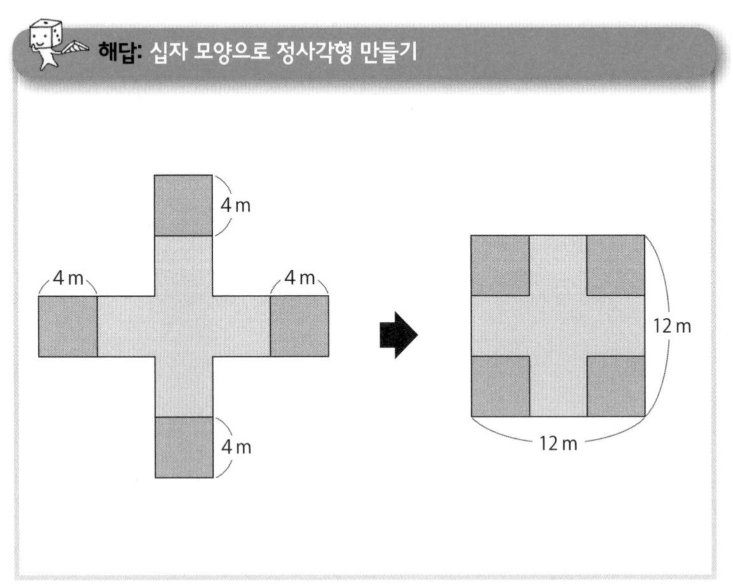
해답: 십자 모양으로 정사각형 만들기
4 m
4 m
4 m
4 m
12 m
12 m

잘라 붙이기 퀴즈에 도전하자

조금 더 어려운 잘라 붙이기 문제에도 도전해보자.

Q. 가로와 세로의 길이가 각각 32센티미터, 50센티미터인 천이 있다. 이 천을 적당히 자르고 이어 붙여 정사각형을 만들려면 어떻게 해야 할까?

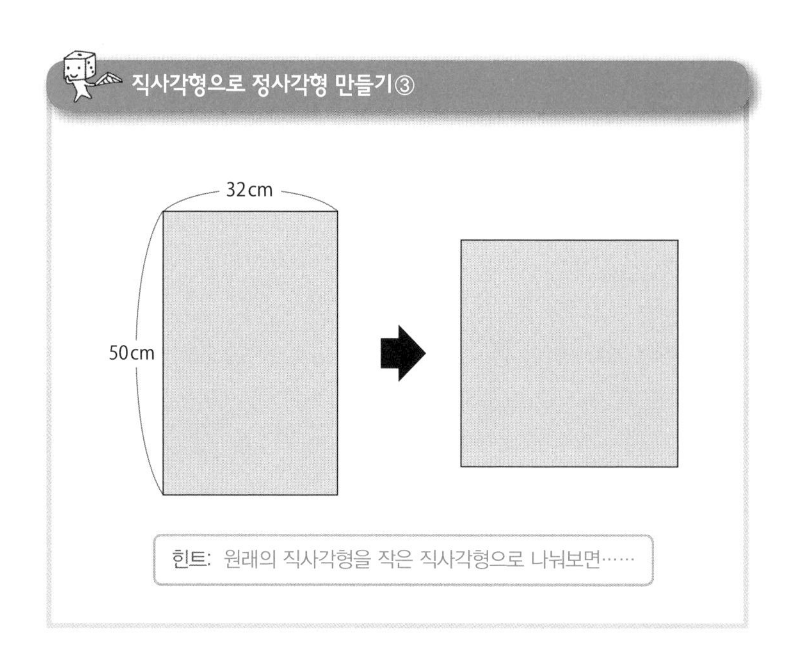

다음 문제도 함께 보자.

Q. 가로와 세로의 길이가 각각 4미터, 8미터인 천이 있다. 이 천을 적당히 자르고 이어 붙여서 직각이등변삼각형을 만들어보자. 직각이등변삼각형은 정사각형을 대각선으로 잘라 절반으로 만든 모양이다.

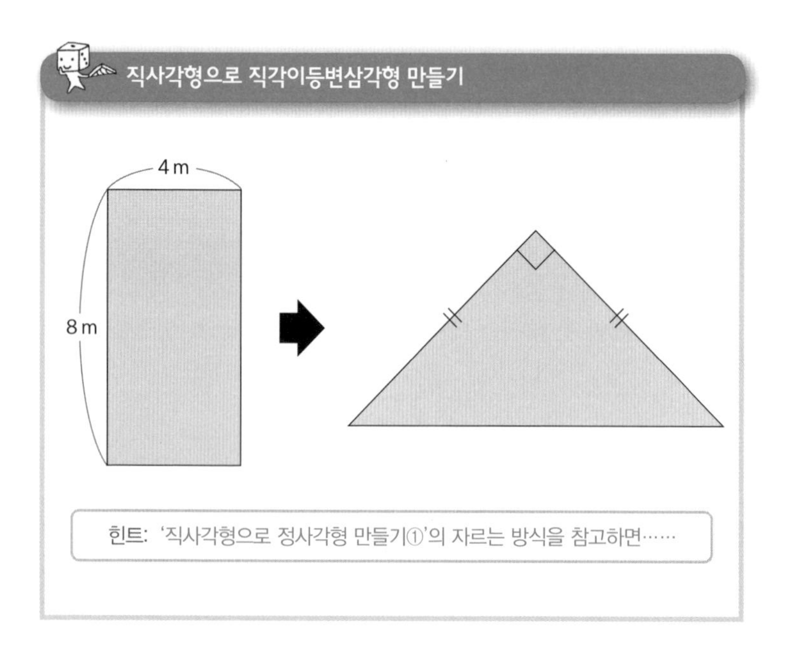

이제 답을 확인해보자.

문제 '직사각형으로 정사각형 만들기③'의 힌트는 직사각형의

해답: 직사각형으로 정사각형 만들기③

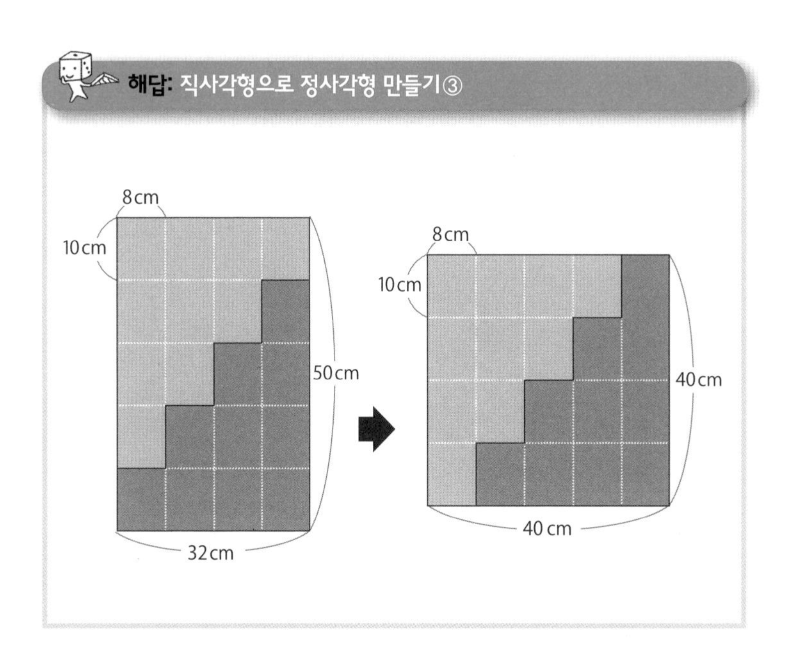

가로와 세로의 길이에 있다. 각각 32센티미터와 50센티미터이므로 이것을 각각 4등분, 5등분하면 8센티미터와 10센티미터인 작은 직사각형이 된다. 위 그림과 같이 계단 모양으로 자르면 똑같은 모양이 두 개 생기는데, 위치를 한 칸 바꿔서 붙이면 한 변의 길이가 40센티미터인 정사각형이 완성된다.

'직사각형으로 직각이등변삼각형 만들기' 문제는 어려웠을지 모르겠다. 힌트는 '직사각형으로 정사각형 만들기①'의 자르는 방식이다.

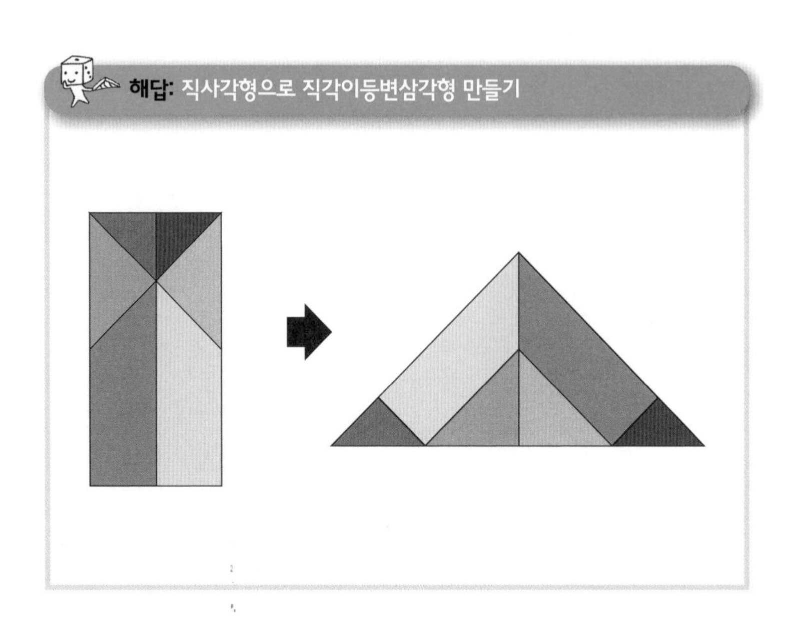

퍼즐 '세이 쇼나곤 지혜의 판'

이번에는 정사각형 퍼즐을 소개하겠다.

에도 시대에 나온 『세이 쇼나곤 지혜의 판』이라는 책에 있는 '세이 쇼나곤 지혜의 판'이다. 헤이안 시대의 작가이자 가인(歌人) 세이 쇼나곤(清少納言, 966년경~1025년경)의 이름이 붙어 있기는 하지만, 정말로 세이 쇼나곤이 이 지혜의 판을 만들어서 가지고 논 것은 아니고, 현명한 여성의 대표로서 그 이름이 사용된 듯하다. 에도 시대의 아이들은 옛날 사람을 동경하면서 문제에 즐겁게 도전했으리라.

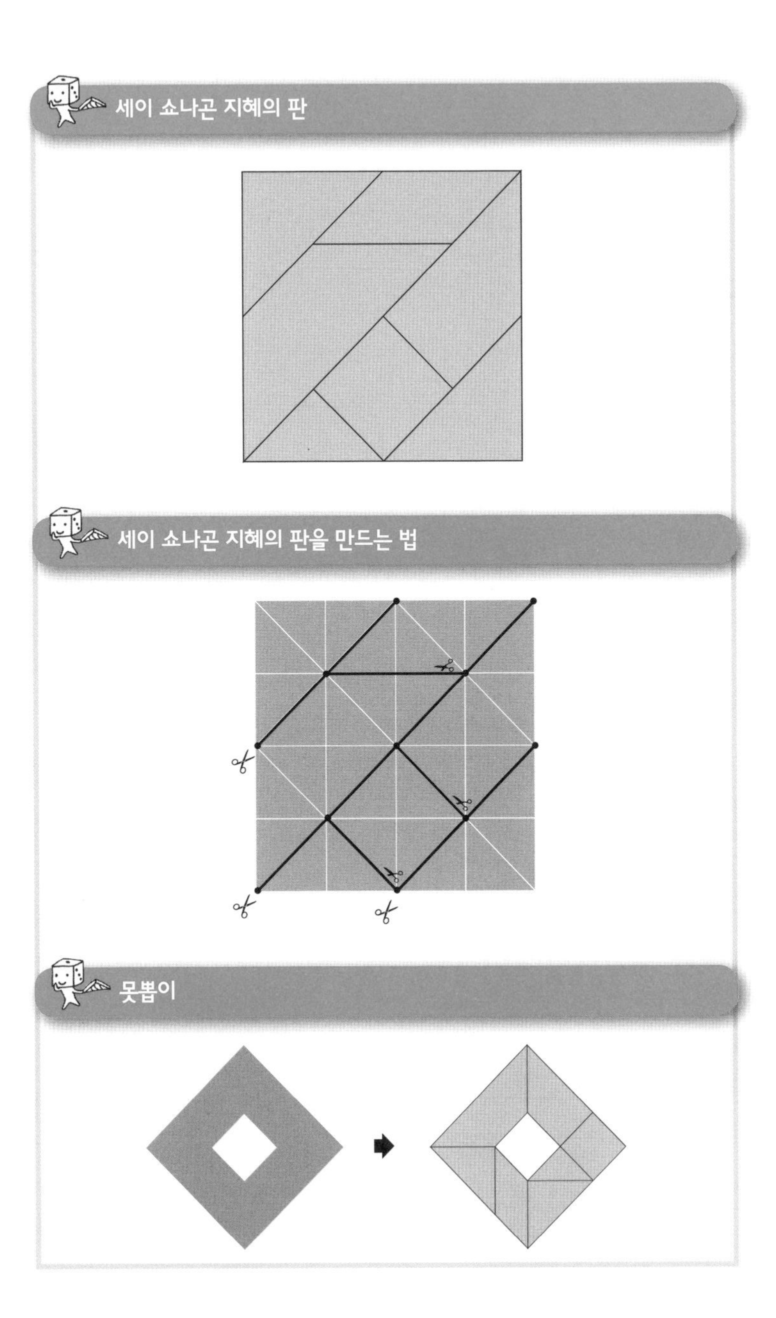
세이 쇼나곤 지혜의 판
세이 쇼나곤 지혜의 판을 만드는 법
못뽑이

이 퍼즐은 정사각형을 일곱 개의 작은 도형으로 분해한 것이다. 크고 작은 두 종류의 직각이등변삼각형과 정사각형, 평행사변형, 두 종류의 사다리꼴이다. 이 일곱 개의 도형을 사용해 다양한 모양을 만든다. 일곱 개의 도형은 뒤집어서 사용해도 된다.

정사각형 색종이를 사용해서 세이 쇼나곤 지혜의 판을 만들어보자. 그 전에 앞 쪽의 '못뽑이'라는 문제부터 풀어보자.

Q. 다음 그림의 실루엣을 만드시오

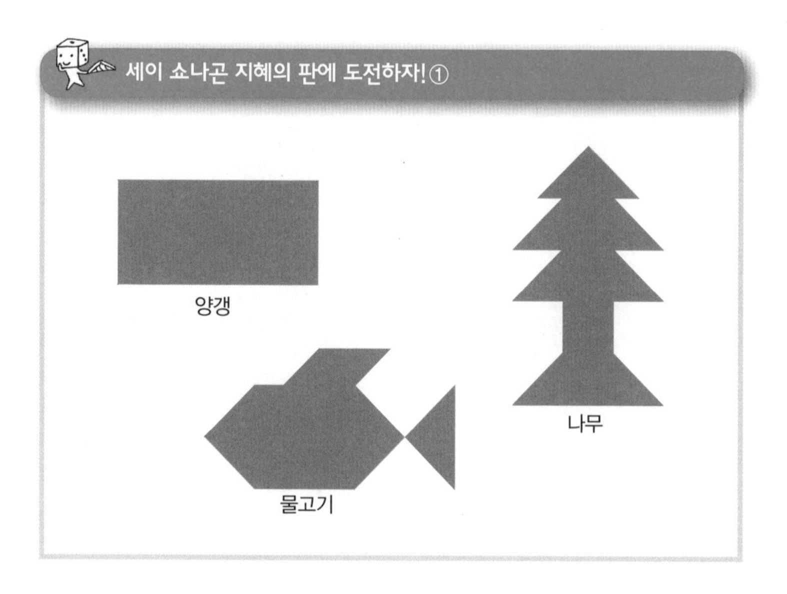

최초로 출판된 『세이 쇼나곤 지혜의 판』에 실린 문제는 에도 시대 이전에 사용되었던 물건이나 신분이 높은 사람이 쓰던 물건이 많았기 때문에 에도 시대의 아이들로서는 이것이 무슨 모양인지 이해하기가 어려웠다고 한다. 그래서 1742년에 나온 『세이 쇼나곤 지혜의 판』에는 에도 시대의 아이들도 금방 이해할 수 있는 친근한 물건이 문제로 나왔다. 바로 팔각거울이나 사방등, 열쇠 등이다.

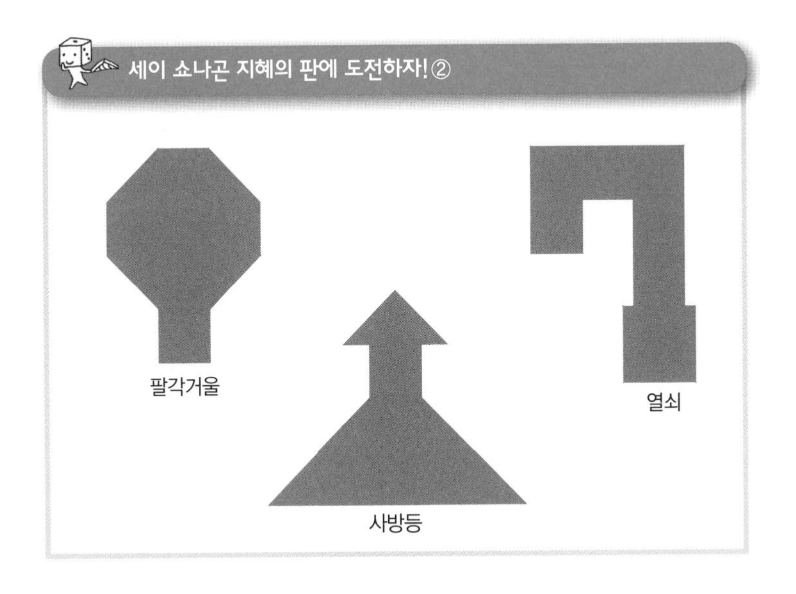

실루엣 퍼즐 '칠교판'

신기하게도 세계에는 세이 쇼나곤 지혜의 판과 닮은 실루엣 퍼즐이 있다. 발상지는 중국으로 알려져 있는데, 중국에서는 '칠교판'이라고 부른다. 일곱 개의 서로 다른 도형을 쓰는 데에서 유래한 이름이다. 이것이 훗날 서양으로 건너가 '탱그램'이라는 이름으로 널리 퍼졌다.

칠교판은 세이 쇼나곤 지혜의 판과 마찬가지로 정사각형을 일곱 개의 도형으로 분해하지만, 둘을 비교해보면 분해하는 방법이 서로 다르다는 사실을 알 수 있다.

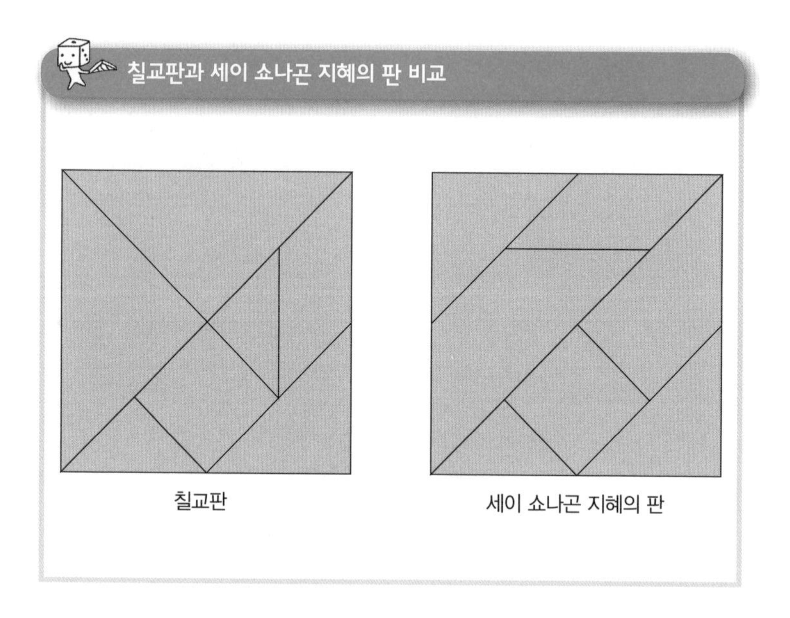

바로 문제를 풀어보자.

Q. 칠교판으로 아래 그림과 같은 실루엣을 만드시오.

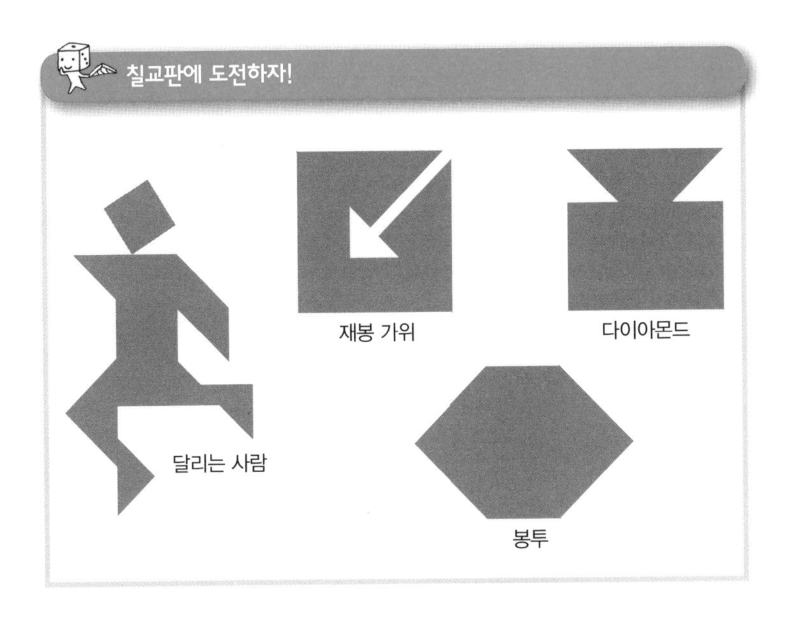

정사각형은 옛날부터 사람들의 마음을 사로잡았다. 정사각형의 단순하면서도 완벽한 모양은 많은 가능성을 숨긴 형태이기도 하다. 여러분도 지금까지의 문제와 퍼즐을 통해 그 세계를 조금이나마 엿볼 수 있었을 것이다.

마지막은 내가 만든 문제다.

Q. 세이 쇼나곤 지혜의 판을 사용해 아래 그림의 원주율 π와 네이피어 상수 e를 만드시오.

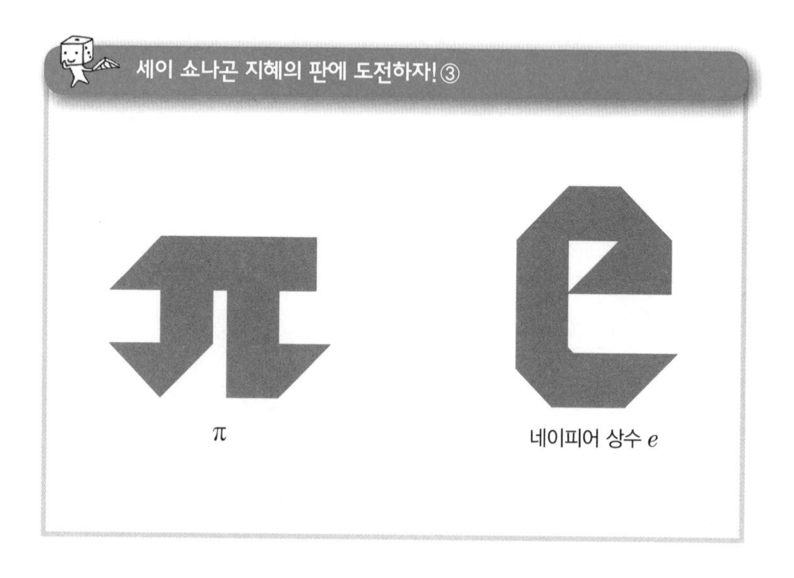

세이 쇼나곤 지혜의 판이나 칠교판을 사용해 독창적인 도형을 궁리해본다면 여러분의 생각보다 더 많은 도형을 만들 수 있을 것이다.

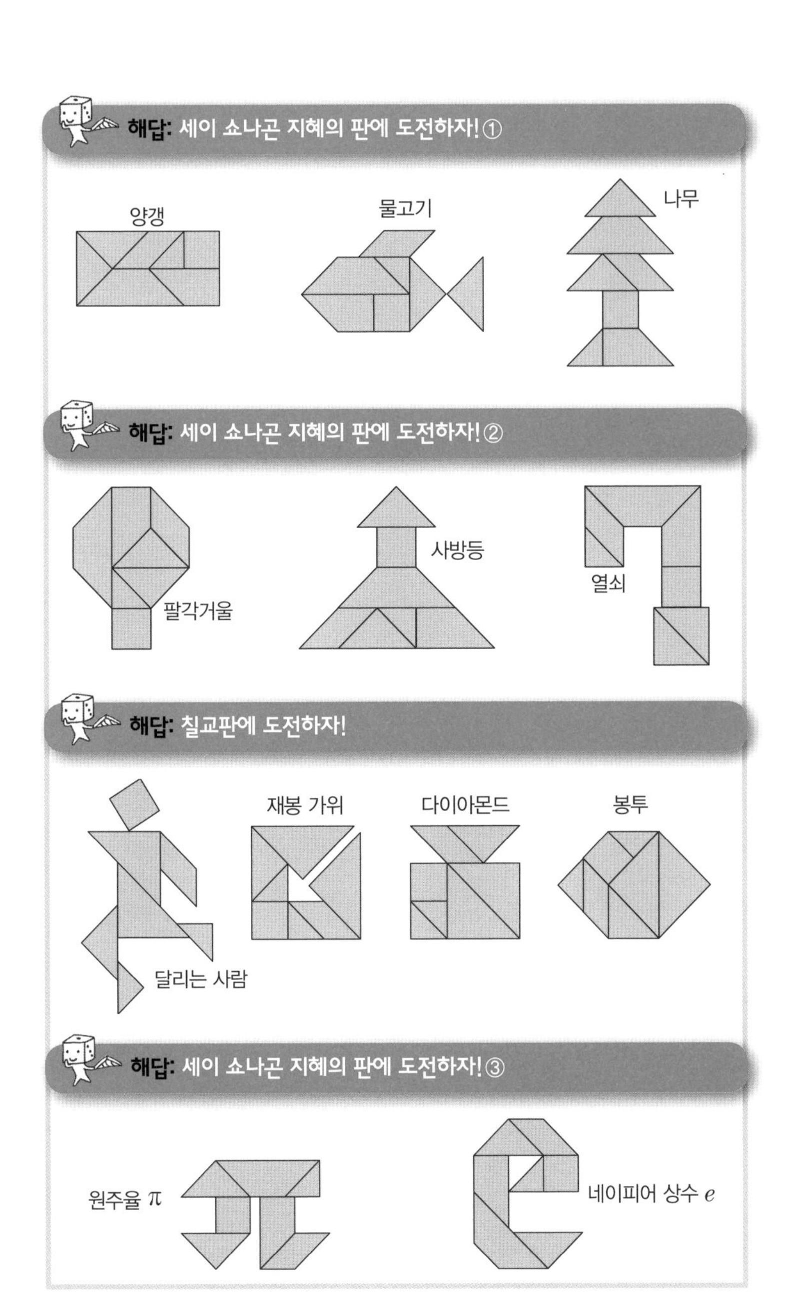
해답: 세이 쇼나곤 지혜의 판에 도전하자! ①
양갱
물고기
나무
해답: 세이 쇼나곤 지혜의 판에 도전하자! ②
사방등
열쇠
팔각거울
해답: 칠교판에 도전하자!
재봉 가위
다이아몬드
봉투
달리는 사람
해답: 세이 쇼나곤 지혜의 판에 도전하자! ③
원주율 π
네이피어 상수 e

감동적인 수학자 이야기

다케베 카타히로와 그의 스승 세키 다카카즈

다케베 카타히로
(에도 시대의 수학자.
1664~1739)

우부카타 토우(冲方丁)의 베스트셀러 소설 『천지명찰』에 등장해 일약 유명인이 된 수학자 세키 다카카즈(関孝和, 1642~1708). 그에게는 수석 후계자로 유명한 수학자가 있었다. 그의 이름은 다케베 카타히로(建部賢弘, 1664~1739)다.

안타깝게도 다케베의 초상화는 한 장도 남아 있지 않다. 그러나 그의 존재는 일본 수학사에 찬란히 빛나고 있다.

다케베는 세키 다카카즈의 뛰어난 제자로 명성을 얻어 수학자로서 독창적인 에도 시대 수학의 발전과 보급에 공헌했다. 일본 수학회는 두 사람의 업적을 기려 세키 다카카즈 상과 다케베 카타히로 상을 만들었다.

다케베는 어려서부터 수학에 열중해, 수학 서적을 닥치는 대로 독파하며 지식을 흡수했다. 1676년 12세의 나이로 형과 함께 세키 다카카즈의 제자가 되어 1708년 세키 다카카즈가 세상을 떠날 때까지 스승의 전성시대를 '제자'의 위치에서 오롯이 지켜봤다.

많은 사람을 사로잡은 '유제'

다케베 카타히로의 우수함은 그가 19세에 쓴 『연기산법(研幾算法)』이라는 책을 봐도 알 수 있다. 참고로 연기의 '연(研)'은 '자세히 연구하다', '기(幾)'는 '어렴풋한'이라는 뜻이다.

『연기산법』은 어떤 책일까?

이야기는 1670년에 사와구치 가즈유키가 쓴 『고금산법기』에서 시작한다. 『고금산법기』는 일본에서 최초로 '천원술(天元術)'이라는 고차 방정식의 해법을 구사해 문제를 푼 것으로 알려져 있으며, 후대의 에도 수학자들에게도 지속적으로 영향을 끼친 책이다. 특히 사와구치가 낸 유제(遺題: 수학 서적에 문제를 내서 후세 사람들에게 답을 구하도록 요구하는 것) 15개는 매우 뛰어났기 때문에 많은 에도 수학자들이 문제에 도전했다.

1674년, 세키 다카카즈는 『발미산법』에 이 유제 15개의 해답을 전부 소개했다. 그런데 1681년, 사지 가즈히라(佐治一平)가 『산법입문(算法入門)』에서 세키의 『발미산법』을 비판했다. 세키 다카카즈가 풀이 과정을 명쾌하게 밝히지 않은 채 해답만을 내놓았다는 이유에서였다.

이에 대해 세키 다카카즈의 제자였던 다케베 카타히로가 가

다케베 카타히로가 쓴 『연기산법』

한 반격이 바로『연기산법』이다. 다케베는『산법입문』의 오류를 발견하고『연기산법』에서 그것을 명확하게 지적했다.

그 후에도 다케베 카타히로는 천재성을 유감없이 발휘했다. 1685년에는 세키 다카카즈의『발미산법』의 해설서인『발미산법연단언해(発微算法演段諺解)』를 써서 스승의 수학을 세상에 퍼트렸다.

이 해에 21세였던 다케베는 세키 다카카즈의 수학을 집대성하기 위해『대성산경(大成算経)』을 집필하기 시작했다. 다케베 형제는 세키 다카카즈의 사후인 1710년 드디어 전 20권을 완

스승의 수학을 세상에 퍼뜨렸던『발미산법연단언해』

성했다.

세키 다카카즈라는 위대한 스승의 앞에서 자신의 수학을 완성해나가는 청년 다케베의 씩씩한 모습이 눈앞에 어른거린다.

천재 오일러보다 먼저 발견하다

다케베 카타히로의 업적 중에서도 세계적으로 주목받는 원주율 π의 계산에 관해 소개하겠다.

다케베의 스승인 세키 다카카즈는 '정131072(=2^{17})각형'을 이용해 원주율을 소수점 제11자리까지 계산했다. 이 계산의 핵심은 오늘날 '에이킨 가속'이라고 부르는 계산법[증약술(增約術)]을 이용한 것이다. 이것은 적은 연산으로 많은 자릿수의 정확한 수치를 얻기 위한 계산 방법이다.

원주율을 계산할 경우는 지름이 1인 원에 내접하는 정다각형의 둘레의 길이를 계산함으로써 정확한 값을 구해나가게 된다. 정2^n각형의 n을 하나씩 늘릴 때 둘레 길이의 수치를 얼마나 정확하게 구할 수 있느냐가 열쇠인데, 세키 다카카즈는 n을 하나씩 늘리면 둘레의 길이가 등비수열이 된다는 법칙을 발견했다.

다케베 카타히로가 제시한 원주율 공식

$$\pi = 3\sqrt{1+\frac{1^2}{3\cdot4}+\frac{1^2\cdot2^2}{3\cdot4\cdot5\cdot6}+\frac{1^2\cdot2^2\cdot3^2}{3\cdot4\cdot5\cdot6\cdot7\cdot8}+\cdots\cdots}$$

이에 대해 다케베 카타히로는 원둘레의 수열 속에서 새로운 법칙을 발견하는 데 성공했다. 다케베가 발견한 법칙은 '누편증약술(累遍增約術)'이라고 부르는 가속법이다.

지금은 '리처드슨 가속'이라고 부르는 이 계산으로 다케베는 정1024(=2^{10})각형에서 원주율을 소수점 제41자리까지 구하는 데 성공했다. 참고로 리처드슨 가속은 원주율 계산과 관련해 21세기에도 연구가 계속되고 있는 주제다.

다음 쪽의 공식을 보자. 이것이 다케베 카타히로가 1722년에 『철술산경(綴術算経)』에서 제시한 원주율 공식이다. 이 무한급수 공식은 '삼각함수 sin'의 역삼각 함수인 '아크사인(arcsin)'을 '테일러 전개'한 공식에 '$x=\frac{1}{2}$'을 대입한 것이다. 놀랍게도 이 발견은 미적분학을 이용해 같은 공식을 발견한 천재 레온하르트 오일러(Leonhard Euler, 1707~1783)보다 15년이나 앞선다.

역삼각함수 아크사인(arcsin)을 '테일러 전개'한 공식

$$(\arcsin x)^2 = 2\sum_{n=0}^{\infty} \frac{(n!2^n)^2}{(2n+2)!} x^{2n+2}$$

$x=\frac{1}{2}$을 대입하면 다케베가 제시한 원주율 공식이 된다!

쇄국정책을 실시했음에도 당시 일본의 수학이 꽤 수준이 높았음을 보여주는 대목이다.

3대에 걸쳐 높이 평가하다

1713년, 도쿠가와 이에쓰구(德川家繼, 1709~1716)가 제7대 쇼군이 되자 다케베는 이에쓰구를 모시게 되었다. 그러나 이에쓰구는 불과 재위 4년 만인 7세에 세상을 떠났다.

이어 도쿠가와 요시무네(德川吉宗, 1684~1751)가 제8대 쇼군이 되자 관례대로 전 쇼군인 이에쓰구의 가신들은 모두 은퇴했다. 이때 다케베도 은퇴해야 했지만 요시무네는 그를 에도 성으로 다시 불러들였다.

그 목적은 역법을 고치기 위해서였다. 다케베는 『산력잡고(算

曆雜考)』, 『극성측산우고(極星測算愚考)』, 『수시력의해(授時曆議解)』 같은 책을 썼고 천문과 역산의 고문을 맡았다.

결과적으로 다케베는 3대에 걸쳐 쇼군을 모셨다. 에도 시대에는 매우 이례적인 일로, 쇼군 가문이 다케베 카타히로의 재능을 얼마나 높이 샀는지 짐작할 수 있다.

수학은 하나의 '도'

원주율의 값은 원리적으로는 가감승제와 제곱근 풀이를 이용해 소수점 몇째 자리까지라도 구할 수 있다. 그러나 문제는 계산 효율이다. 그래서 세키 다카카즈는 증약술을 궁리해 원주율에 도전했다.

다케베 카타히로는 '그보다 위'를 지향했다. 그는 누편증약술이라는 방법을 이용해 열 개의 데이터에서 원주율을 소수점 제41자리까지 구함으로써 스승을 뛰어넘었다.

나아가 다케베 카타히로는 무한급수라는 기법을 발견하기에 이르렀다. 이것은 『철술산경』에 소개되었다. 그는 원 속에서 발견되는 수(원주율이나 호의 길이)를 효율적으로 구하기 위해 수십 자리의 수치를 계산하고 결과를 관찰하였다. 그리고 날카로운 눈빛으로 수의 배후에 숨어 있는 규칙을 발견해냈다.

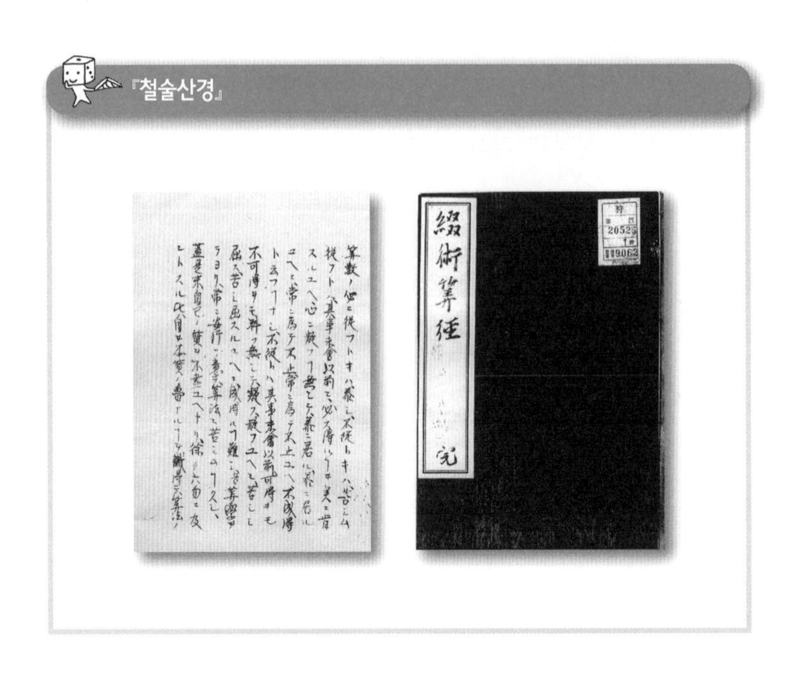

『철술산경』

『철술산경』은 다케베 카타히로가 쇼군 요시무네의 요구에 응해서 썼던 책이다. '철술(綴術)'은 원주율 계산으로 유명한 고대 중국의 수학자 조충지(祖冲之, 429~500)가 쓴 책의 제목이기도 하다. 다케베는 이 말이야말로 책의 제목으로 잘 어울린다고 생각했다.

다케베는 수십 자리의 수치 계산에서 술(術)을 발견하는 작업을 하면서 수학 연구의 진수를 발견했다. 그는 책의 앞머리에 "철술은 엮어서 술리(術理)를 찾는 것이다"라고 썼다. 계산이라는 구상(具象)에서 '술(術)'이라는 추상을 찾아낸다. 다케베 카타히로는 그 사이에 있는 깊은 과정을 전부 이야기하려 한 것이다.

그리고 스승인 세키 다카카즈에게 이끌려 수학의 길을 걸어온 지난날을 돌아보며 뒤를 이을 젊은이들에게 격려의 말을 남겼다.

산수의 마음을 따르면 평안할 것이며, 따르지 않으면 괴로울 것이다. 따른다면 아직 풀기 이전에 반드시 풀 것을 진심으로 믿기에 마음에서 의심이 사라지고 평안함이 깃든다. 평안함이 깃들기에 계산을 멈추지 않으며, 계산을 멈추지 않기에 풀지 못하는 것이 없다. 따르지 않는다면 아직 풀기 이전에 풀 수 있을지 없을지 알 수 없어 의심이 싹튼다.

나는 고금동서를 막론하고 다케베 카타히로 이외에 '산수의 마음'이라는 말을 한 수학자가 있다는 이야기를 들어본 적이 없다. 그가 추구한 수학은 '수학도(數學道)'라고 생각한다. 다도(茶道), 화도(華道), 향도(香道), 검도(劍道)……. 이 모두는 합리적인 사고와 수법을 통해 미와 조화를 추구한다.

'도'는 무엇인가에 도움이 되려는 행동이 아니다. 어디까지나 자신을 하나의 극한까지 끌어올리려 하는 정신 활동이라고 할 수 있다. 그렇다면 수학은 그야말로 '수학도'가 아닐까?

300년 전의 시대를 살았던 다케베 카타히로가 남긴 수학과 말은 세대를 초월해 현대를 사는 우리의 마음에도 감동을 준다.

다케베 카타히로와 스승 세키 다카카즈의 연표

연도	인물	나이	내용
1664년	다케베 카타히로 (1664~1739)		도쿠가와 이에미스의 서기 다케베 나오스네의 셋째 아들로 태어나다
1676년		12세	형과 함께 세키 다카카즈의 제자가 되다
1683년		19세	『연기산법』을 쓰다
1685년		21세	『발미산법연단언해』를 쓰다
1690년		26세	『산학계몽언해대성(算学啓蒙諺解大成)』, 도쿠가와 스나토요의 가신 호조 겐고에몬의 양자가 되다
1695년		31세	『대성산경』을 12권까지 완성하다
1701년		37세	도쿠가와 스나토요를 섬기다
1703년		39세	고난도반(御小納戸番)이 되다
1704년		40세	니시조오난도쿠미가시라반(西城御納戸組頭番)이 되다
1709년		45세	니시조고난도반(西城御小納戸番)이 되다
1714년		50세	이치방 정으로 이사하다
1721년		57세	니노마루오루스이(二丸御留守居)가 되다
1722년		58세	『철술산경』, 『불휴철술(不休綴術)』, 『진각우고(辰刻愚考)』를 쓰다
1725년		61세	『국회도(国絵図)』, 『세주고(歳周考)』를 쓰다
1726년		62세	『역산전서(歴算全書)』(매문정 씀)의 번역을 명령받다
1728년		64세	『누약술(累約術)』을 쓰다
1730년		66세	오루스이반(御留守居)이 되다
1732년		68세	오히로시키요닌(御広敷用人)이 되다
1739년		75세	죽음

인물	나이	내용
세키 다카카즈 (1642~1708)	34세	『발미산법』
	43세	『해복제지법(解伏題之法)』 『방진지법(方陣之法)』
	45세	『개방번변지법(開方翻変之法)』 『제술변의지법(題術弁議之法)』 『병제명치지법(病題明致之法)』
	56세	『사여산법(四余算法)』
	65세	이도로 이주해 막부 직속 사무라이가 되다
	69세	죽음
도쿠가와 가문		나요시 죽음 이에노부, 제6대 쇼군이 되다
		이에노부 죽음
		이에쓰구, 제7대 쇼군이 되다
		이에쓰구 죽음 요시무네, 제8대 쇼군이 되다(1745년까지)

컴퓨터 대 전자계산기

전자계산기와 컴퓨터

오늘날에는 전자계산기 덕분에 수의 세계를 더욱 깊게 탐구하고 수를 대규모로 처리할 수 있게 되었다. 수많은 데이터를 처리하는 전자계산기가 없었다면 대학 입시에 필요한 표준 점수나 텔레비전 방송의 시청률도 없었을 것이다.

여기에서 전자계산기는 컴퓨터를 의미한다. 그런데 컴퓨터라고 하지 않고 굳이 전자계산기라고 말하는 이유가 있다. 전자계산기라고 하면 50대 이상인 독자 여러분은 옛날의 '대형 계산기'를 떠올릴지 모르겠다.

옛날의 컴퓨터 '대형 계산기'

젊은 사람들은 '소형 탁상용 전자계산기'가 당연한 시대에 태어나 자랐기 때문에 '컴퓨터=PC(개인용 컴퓨터)'로 이해한다. 그런 까닭에 전자계산기라는 본래의 이름을 의식하는 일은 거의 없어졌다.

오늘날의 PC는 대형 계산기를 사용하던 사람들의 상상을 훌쩍 뛰어넘어 빠르고 대용량의 데이터를 가능케 하는 슈퍼 머신이 되었다. 꿈과도 같은 기술로 둘러싸인 세계가 나날이 건설되고 있다.

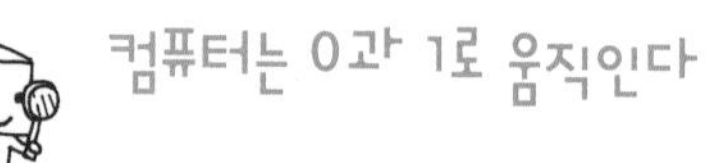

컴퓨터는 0과 1로 움직인다

그렇다면 전자계산기가 컴퓨터로 진화한 것일까? 진심으로 그렇다고 생각하는 사람이 있다면 그것은 오해라고밖에 할 말이 없다.

요즘의 PC도 단순한 전자계산기일 뿐이다. 전자계산기의 두뇌 부분인 CPU(중앙연산처리장치)에서 처리하는 기본적인 연산(덧셈, 뺄셈)이나 AND, OR, NOT 같은 논리 연산은 수를 0과 1의 조합으로 나타내는 이진법으로 실행된다.

지금의 컴퓨터는 옛날에 비해 처리 속도나 기억 용량이 비약적으로 향상되었지만, CPU의 경우는 본질적으로 예나 지금이나 차이가 없다. 요컨대 컴퓨터는 여전히 전자계산기인 것이다.

홈페이지를 표시하기 위한 HTML

전자계산기의 세 가지 혁명적 기술을 소개하자면 다음과 같다.

WWW(월드와이드웹)는 인터넷에서 표준적으로 사용되는 정보처리 시스템으로서 현재 IT 사회의 중핵을 이루는 기술이다. 이것은 현대 물리학이 계기가 되어 탄생했다.

1989년에 유럽원자핵공동연구소(CERN)의 계산기 과학자인 팀 버너스리(Tim Berners-Lee, 1955~)가 WWW, URL, HTTP, 그리고 HTML을 설계했다.

팀 버너스리는 세계 최대 규모의 소립자 가속기를 사용해 실험을 했는데, 이 실험의 결과 데이터는 매우 방대했다. 그는 이 거대한 수치 데이터를 전 세계의 연구자들이 효율적으로 공유하고 열람할 수 있도록 문헌 검색과 연계를 위한 언어를 만들었다. 이것이 현재 홈페이지의 작성에 사용되는 HTML이다.

수식을 아름답게 인쇄하고 싶다는 마음에서 탄생한 소프트웨어

TeX(텍)이라는 수식을 포함한 문서 조판 소프트웨어가 있다. 수식을 자유자재로 표현할 수 있는 아주 재미있는 소프트웨어다.

알고리즘(문제를 해결하기 위한 계산 순서) 해석 연구로 유명한 미국의 수학자이자 계산기 과학자 도널드 커누스(Donald Knuth, 1938~)가 비서에게 타자기로 원고를 치도록 시켰다가 완성된 논문의 볼품없는 조판 모습을 보고 참을 수가 없었다. 그래서 '수식을 좀 더 정돈되고 아름답게 인쇄하고 싶다'는 일념으로 만들어낸 소프트웨어가 바로 TeX이다.

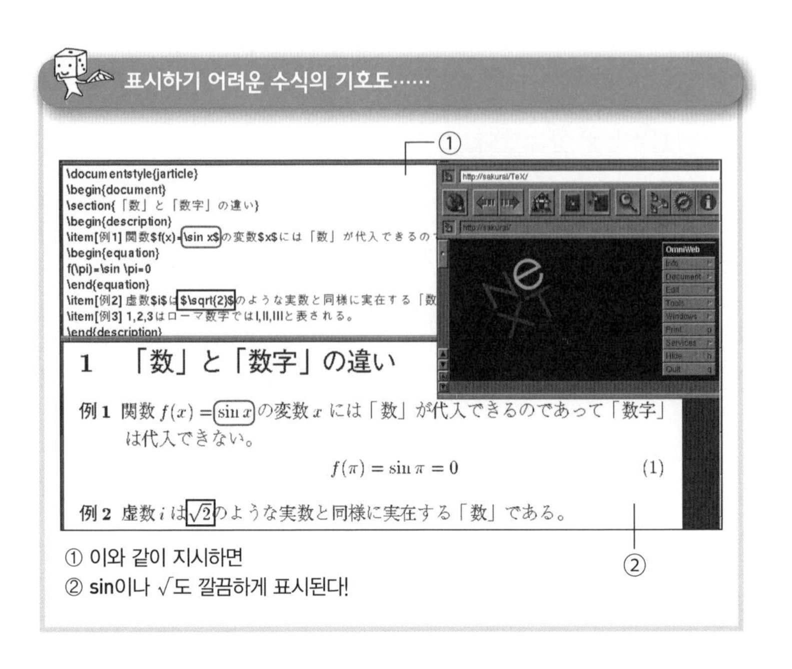

인쇄는 흑백의 세계, 즉 0과 1의 세계라는 것을 간파한 커누스는 자신이 가진 계산기 과학기술을 응용해 조판 소프트웨어를 만들었고, 나중에는 폰트도 스스로 디자인했다.

원주율 π에 가까워지는 버전업?

커누스는 TeX의 오리지널 버전인 '3'을 개발할 때 이 이상의 기능 확장은 하지 않겠다고 선언했다. 그리고 버그 수정에 따른 버전업은 3.1, 3.14, 3.141…… 같은 식으로 진행하고, 최

종적으로는 커누스가 사망했을 때 원주율 π로 버전업을 마친다는 규칙을 정했다.

현재도 계속 발전하고 있는 TeX 덕분에 전 세계의 수학 연구자들은 정확도가 높은 수식 레이아웃을 플랫폼에 상관없이 사용하는 혜택을 누리고 있다.

TeX은 궁극의 수식 전문 조판 소프트웨어다. TeX에서는 수식을 앞 쪽과 같이 표기한다. 흥미가 있다면 인터넷에서 TeX을 검색해 소프트웨어를 다운로드 받아보길 바란다.

스티브 잡스와 계산기

다음은 운영 체계(OS)인 NeXTSTEP(넥스트스텝)이다. 애플 사(社)의 공동 창업자인 스티브 잡스(Steve Jobs, 1955~2011)는 애플 사를 떠난 뒤 자신의 꿈을 실현하고자 넥스트 사를 설립했고, 그곳에서 개발한 OS가 NeXTSTEP이다.

1980년대 후반부터 1990년대 후반까지 잡스는 넥스트 사에서 자신이 생각할 수 있는 최고의 OS를 만들어냈다. 이것은 그 후 애플 컴퓨터 운영 체계인 'Mac OS X'와 현재 아이폰 · 아이패드 등의 운영 체계인 'iOS'로 계승되고 있다. 아이팟, 아이폰, 아이패드의 개발 도구는 NeXTSTEP이 토대가 되었다

고 할 수 있다.

참고로 앞에서 소개한 팀 버너스리가 WWW을 실제로 가동시킨 기기는 NeXTSTEP을 탑재한 NeXT 머신이었다.

HTML, TeX, NeXTSTEP이라는 세 가지 기술의 가장 큰 공통점은 지금까지도 계속 계발을 하며 긴 수명을 유지하고 있으며, 그리고 그 비결은 한 사람의 재능으로 철저히 완결된 이야기를 만들어냈다는 것이다. 그들은 각 기술의 여명기에 컴퓨터를 철두철미하게 전자계산기로 바라보고 가장 근원적인 질문인 그 기기로 무엇을 할 수 있을지에 대해서 스스로 답을 이끌어냈다.

컴퓨터를 조용히 뒷받침하는 숫자들

현대는 누구나 선인들이 만들어낸 편리한 기술을 간단히 이용할 수 있는 시대가 되었다. 그러나 다시 한 번 말하지만, 컴퓨터는 여전히 전자계산기이며 본질은 전혀 달라지지 않았다.

가끔은 컴퓨터를 전자계산기라고 읽어보자. 말의 힘은 생각보다 강하다. 그렇게만 해도 숫자나 컴퓨터의 배후에 있는 본질적인 것, 즉 수와 계산의 존재를 깨닫게 될 것이다.

밧줄을 사용해 직각을 만든다?

자와 컴퍼스로 직각을 만든다

"정확한 직각을 그리시오." 이 문제를 받으면 여러분은 어떻게 하겠는가?

학교에서 배웠듯이 직각은 수직으로 교차하는 두 직선이 만드는 90도의 각이다. 아마도 많은 사람은 각도기와 자를 사용할 텐데, 각도기가 없다면 직각을 그릴 수 없을까? 그렇지 않다. 각도기가 없어도 주위에 있는 물건을 이용해 정확한 직각을 그릴 수 있다.

지금부터 직각이 없는 곳에 직각을 만드는 기술을 소개하겠다. 먼저 직각으로 교차하는 선 두 개를 그리는 방법을 생각해 보자. 다만 직각삼각형의 삼각자나 각도기를 사용하는 방법은 아주 간단해서 재미가 없으니 다른 방법을 생각해보길 바란다.

여러분에게 주어진 도구는 눈금이 없는 자와 컴퍼스, 그리고 연필뿐이다. 컴퍼스는 원을 그리기 위한 도구지만, 이번에는 이 성질을 사용해 같은 거리의 두 점을 다른 곳에 그리는 데 이용한다.

공책 위에 선분 하나와 점 A를 그린다. 점 A에서 선분과 직각으로 교차하는 선을 네 단계에 걸쳐 그려보자.

STEP1 점 A를 중심으로 선분과 교차하도록 컴퍼스로 적당한 반지름의 원호(원의 일부)를 그린다.

STEP2 직선과 원의 교점 중 하나를 중심으로 그 반지름과 같거나 긴 원호를 그린다.

STEP3 다른 쪽 교점을 중심으로 STEP 2와 같은 반지름의 원호를 그린다.

STEP4 자를 이용해 '선분의 아래쪽에 생긴 두 원호의 교점'과 점 A를 지나가는 선분을 그린다. 이것이 선분과 직각으로 교차하는 선이 된다.

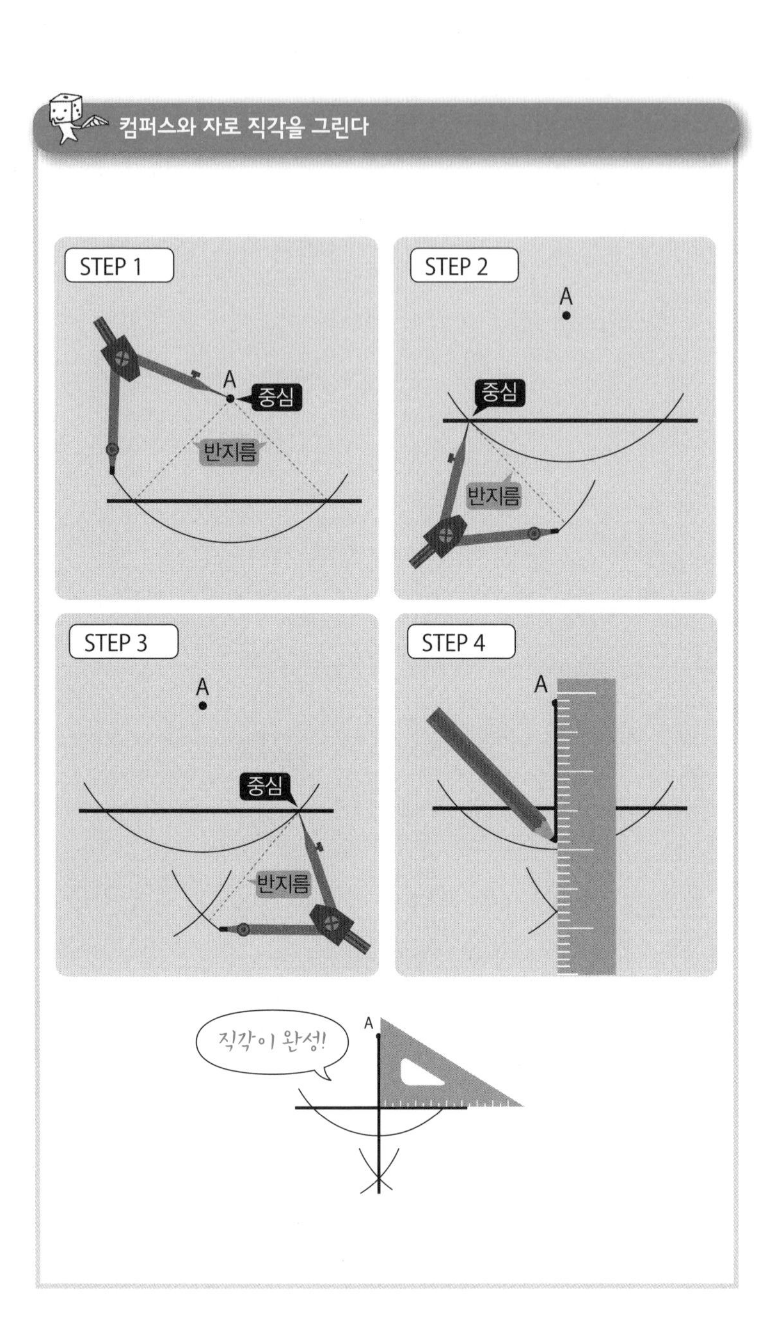
컴퍼스와 자로 직각을 그린다
STEP 1
A
중심
반지름
STEP 2
A
중심
반지름
STEP 3
A
중심
반지름
STEP 4
A
직각이 완성!
A

마지막으로 두 선분의 각도가 직각인지 아닌지를 삼각자나 각도기로 확인해보자. 제대로 직각을 그리는 데 성공했는가?

밧줄을 사용해 직각을 만든다

이번에는 집 밖으로 나가서 대지 위에 커다란 직각을 만드는 방법을 생각해보자.

가령 운동장에 축구 코트를 만든다고 가정한다면, 먼저 흰 선으로 커다란 직사각형을 그려야 한다. 한 선분에 직각으로 교차하는 선분을 그려야 직사각형을 만들 수 있는데, 수십 미터 길이의 흰 선을 그리기 위해 사용할 수 있는 도구는 '긴 밧줄 하나' 뿐이다. 워낙 공간이 넓어서 앞에서와 같이 자와 컴퍼스를 사용해 직각을 그리기도 어렵다. 과연 어떻게 해야 직각을 만들 수 있을까?

사실은 밧줄 하나만으로도 직각을 만들어낼 수 있다. 방법은 다음과 같다.

STEP1 긴 밧줄에 같은 간격으로 눈금을 12개 표시한다.

STEP2 눈금을 사용해 '길이 3', '길이 4', '길이 5'로 나눈다.

STEP3 밧줄의 양 끝을 묶은 다음 길이 3, 길이 4, 길이 5

밧줄을 사용해 직각을 만든다

STEP 1 긴 밧줄에 같은 간격으로 눈금을 12개 표시한다.

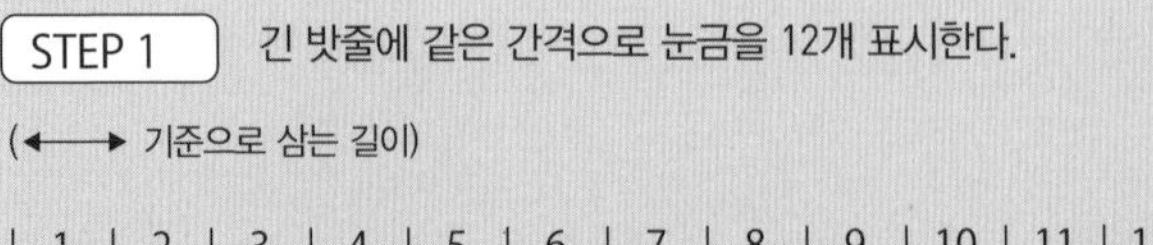

(←→ 기준으로 삼는 길이)

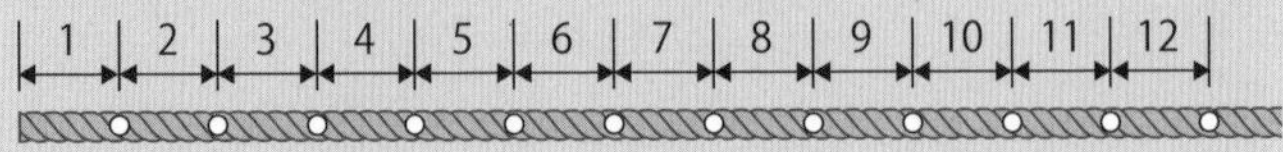

STEP 2 눈금을 사용해 '길이 3', '길이 4', '길이 5'로 나눈다.

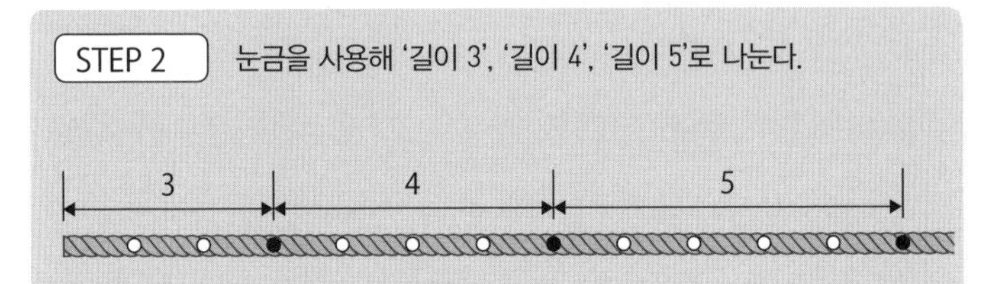

STEP 3 밧줄의 양 끝을 묶은 다음 길이 3, 길이 4, 길이 5로 나눈 부분을 꼭짓점으로 삼아서 세 명이 잡고 팽팽하게 당긴다.

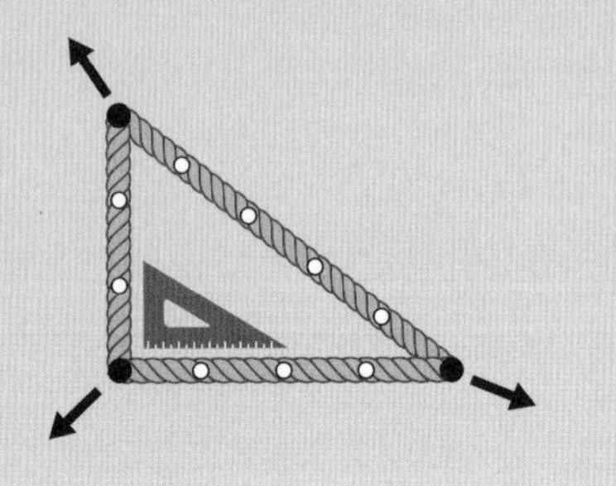

로 나눈 부분을 꼭짓점으로 삼아서 세 명이 잡고 팽팽하게 당긴다. 그러면 길이 3과 길이 4 사이의 부분이 직각이 된다.

고대 이집트의 지혜와 기술

이 방법은 고대 이집트를 비롯해 고대 바빌로니아(현재 이라크 주변)와 인도, 중국에도 오래전부터 알려져 있었다. 농지의 경계를 그리거나 건축을 할 때 밧줄 등을 사용해서 직각을 만들었다. 측량기사는 세 변의 길이가 3, 4, 5인 삼각형은 직각삼각형임을 알았던 것이다.

이 방법은 대지뿐만 아니라 공책 위에서도 시도할 수 있다. 공책 위에서 실을 사용해 고대 사람들의 지혜와 기술을 시험해 보자.

한 고대 그리스인이 여기에 직각삼각형의 커다란 비밀이 숨어 있다는 사실을 밝혀냈다. 과연 그는 누구일까? 그리고 그가 밝혀낸 비밀은 무엇일까? 이 의문을 파헤쳐보자.

직각에 매료되었던 피타고라스

직각삼각형의 비밀을 밝혀낸 사람은 고대 그리스의 수학자 피타고라스(Pythagoras, 기원전 580년경~기원전 500년경)다. 그는 직각삼각형의 세 변의 길이 사이에 성립하는 '관계'를 발견하고 그것이 모든 직각삼각형에 성립한다는 점을 증명했다. 그 관계는 다음과 같다.

가로 길이의 제곱 + 세로 길이의 제곱
= 대각선 길이의 제곱

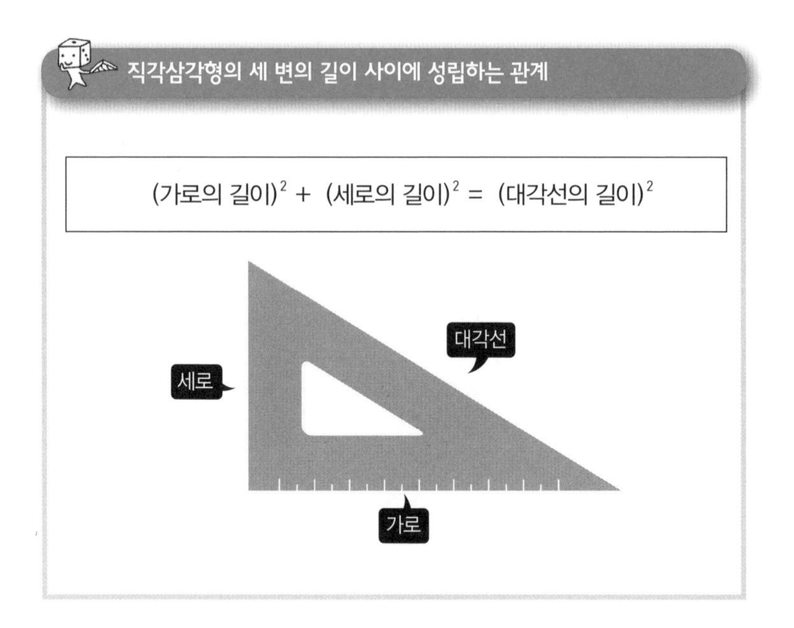

이 관계는 정사각형의 넓이의 관계를 사용해 설명할 수 있다. 피타고라스도 바닥에 깔린 정사각형의 틀을 보고 정사각형의 넓이의 관계에 주목한 결과 직각삼각형의 수수께끼를 깨달았다고 한다.

아래 그림을 보자. 직각이등변삼각형①의 주위에 정사각형②와 정사각형③이 있다. 정사각형② 두 개의 넓이는 정사각형③의 넓이와 같다. 식으로 나타내면 '정사각형②+정사각형②=정사각형③'이다.

정사각형②의 변의 길이는 '직각이등변삼각형①의 세로(또는

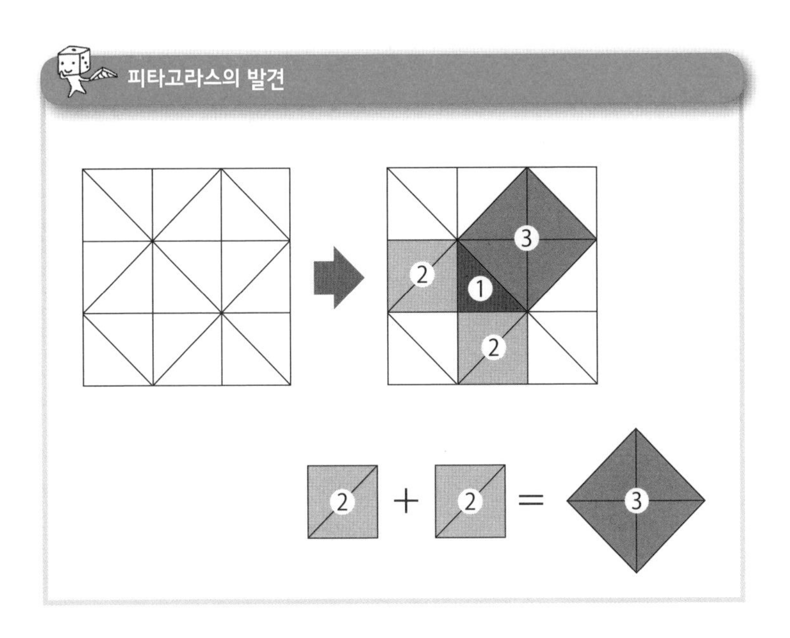

가로)의 길이'와 같고, 정사각형③의 변의 길이는 '직각이등변삼각형의 대각선의 길이'와 같다는 사실에 주목하자. 그렇다면 '정사각형②+정사각형②=정사각형③'이라는 식은 '가로의 길이의 제곱+세로의 길이의 제곱=대각선의 길이의 제곱'으로 고쳐 쓸 수 있다는 의미가 된다.

피타고라스는 어떤 직각삼각형이든 세 변 사이에 이 관계가 성립한다는 점, 그리고 세 변 사이에 이 관계가 성립한다면 그 삼각형은 반드시 직각삼각형이라는 것도 증명했다.

피타고라스가 밝혀낸 직각삼각형의 세 변의 길이 사이에 성립하는 관계를 '피타고라스의 정리'라고 한다. 그리고 같은 수를

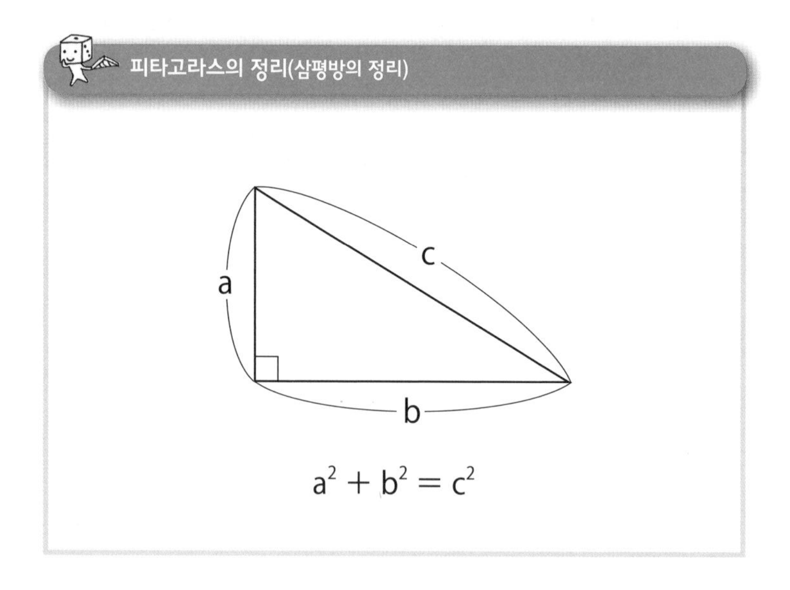

두 번 곱하는 제곱을 '평방'이라고도 하기 때문에 피타고라스의 정리를 '삼평방의 정리'라고 부르기도 한다.

인간은 고대부터 직각에 매료되어 '어떻게 해야 아름다운 직각을 만들 수 있을까?'를 궁리했다. 선인의 노력과 지혜의 결정체, 그것이 바로 직각이라는 아름다운 각도인 것이다.

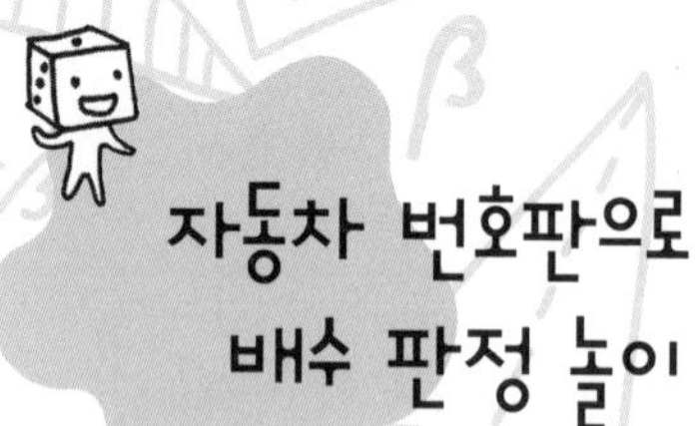

자동차 번호판으로 배수 판정 놀이

2520은 무엇의 배수일까?

아빠와 아들이 드라이브를 하고 있었다. 운전을 하던 아빠가 아들에게 배수를 주제로 한 퀴즈를 냈다.

아빠 아빠가 퀴즈를 하나 낼게. 앞에 가고 있는 차의 번호판이 보이지? 번호판에 적혀 있는 2520은 무엇의 배수일까?

아들 10의 배수예요. 일의 자리가 0이잖아요.

아빠 오, 정답이야! 다른 배수는 없을까?

아들 10으로 나누어떨어진다는 건 2나 5로도 나누어떨어진다는 말이니까, 2의 배수와 5의 배수이기도 하겠네요.

아빠 우리 아들 대단한데? 그렇다면 또 다른 배수는 없을까?

아들 음…… 나눗셈을 해봐야 알 것 같아요.

어떤 수 ○가 어떤 수 △로 나누어떨어질 때 '○은 △의 배수'라고 한다. 예를 들어 6은 2로 나누어떨어지므로 6은 2의 배수다. 또한 6은 3으로도 나누어떨어지므로 3의 배수이기도 하다.

사실 아빠는 앞에 가고 있는 자동차의 번호판에 적힌 2520을 보고 금방 이 수가 2의 배수, 3의 배수, 4의 배수, 5의 배수, 6의 배수, 7의 배수, 8의 배수, 9의 배수, 그리고 10의 배수임을 알았다. 그래서 아들에게 퀴즈를 낸 것이다.

물론 아빠는 운전을 하고 있었으므로 종이에 필산을 하거나 전자계산기를 사용하지 않았다. 단번에 배수를 찾아내는 좋은 방법을 알고 있었던 것이다. 어떤 비밀일까?

먼저 간단한 배수 판정법부터 살펴보도록 하겠다. 2520을 가지고 확인해보자.

다음 쪽의 표를 보자. 일의 자리만으로 2의 배수, 5의 배수, 10의 배수를 판정할 수 있다.

배수 판정법

배수	판정법
2의 배수	일의 자리가 2의 배수
3의 배수	각 자리 수의 합이 3의 배수
4의 배수	마지막 두 자리의 수가 4의 배수
5의 배수	일의 자리가 0이나 5
6의 배수	일의 자리가 2의 배수이고 각 자리 수의 합이 3의 배수
10의 배수	일의 자리가 0

일의 자리가 2의 배수(0, 2, 4, 6, 8)라면 그 수는 2의 배수다. 0이나 5라면 5의 배수다. 0이라면 10의 배수다. 그리고 2520은 2, 5, 10으로 나누어떨어진다(2520÷2=1260, 2520÷5=504, 2520÷10=252).

또 마지막 두 자리의 수가 4의 배수라면 그 수는 4의 배수다. 2520의 마지막 두 자리 수인 20은 4의 배수이므로 2520은 4의 배수다. 실제로 계산을 해봐도 2520÷4=630이 된다.

그리고 각 자리 수의 합이 3의 배수라면 그 수는 3의 배수다. 2520의 경우 각 자리 수의 합은 2+5+2+0=9다. 9는 3의 배수

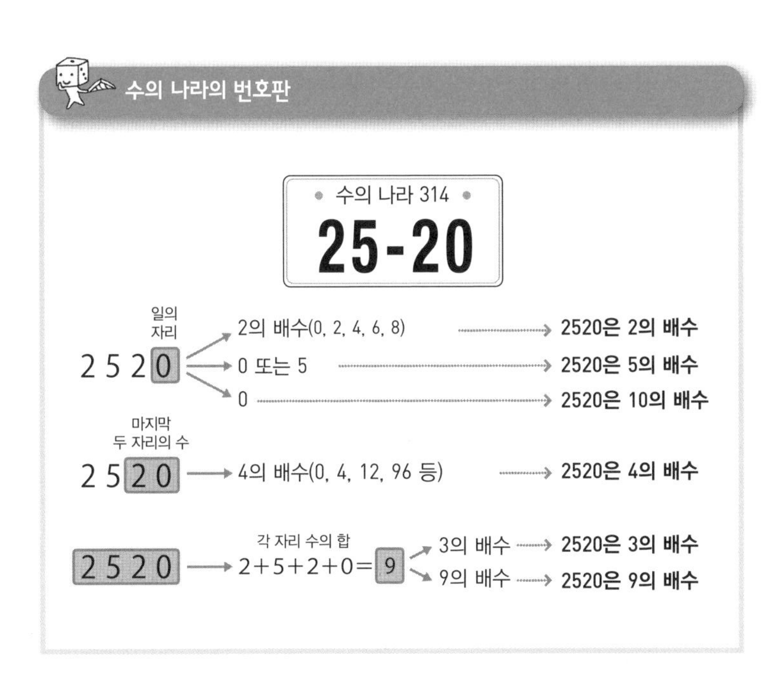

이므로 2520은 3의 배수다. 실제로 계산해봐도 2520÷3=840이다.

또한 일의 자리가 2의 배수이며 각 자리 수의 합이 3의 배수라면 그 수는 6의 배수가 된다. 요컨대 6의 배수는 2의 배수이면서 3의 배수라는 말이다. 지금까지의 계산에서 둘 다 확인했으므로 2520은 6의 배수이기도 하다. 실제로 계산해보면 2520÷6=420이 된다.

각 자리 수의 합이 9의 배수……

아빠는 운전을 하면서도 2520이 9의 배수라는 것을 금방 알았다. 지금부터 9의 배수를 판정하는 법을 소개하겠다.

9의 배수를 적어보자. 9, 18, 27, 36, 45, 54, 63, 72, 81, ……. 신기하게도 각 자리 수의 합이 전부 9의 배수다.

18 → 1+8=9, 27 → 2+7=9, 36 → 3+6=9,

45 → 4+5=9, 54 → 5+4=9, 63 → 6+3=9,

72 → 7+2=9, 81 → 8+1=9

요컨대 18부터 81까지 십의 자리 수와 일의 자리 수의 합은 전부 9의 배수다. 세 자릿수 이상의 수에 대해서도 확인해보자. 예를 들어 594, 954, 1134, 1242는 전부 9의 배수인데, 각 자리 수의 합은 594→5+9+4=18(9의 배수), 964→9+5+4=18(9의 배수), 1134→1+1+3+4=9(9의 배수), 1242→1+2+4+2=9(9의 배수)와 같이 전부 9의 배수가 된다. 각 수를 9로 나눠보면 나누어떨어진다(594÷9=66, 954÷9=106, 1134÷9=126, 1242÷9=138).

참고로 이것은 전부 AM라디오의 주파수다. AM라디오의 주파수에는 '간격이 9킬로헤르츠'라는 규칙이 있다. 여기에 시작하는 주파수가 9의 배수이기 때문에 모든 주파수가 9의 배수가 된다.

아빠는 앞 차의 번호판(2520)을 보고 2+5+2+0=9는 9의 배수이므로 2520이 9의 배수라는 것을 금방 알았던 것이다.

8의 배수는 마지막 세 자리의 수만으로 판정한다

8의 배수를 판정하는 방법도 소개하겠다. 구구단의 8단을 생각하면 16, 24, 32, 40, 48, 56, 64, 72가 8의 배수라는 것

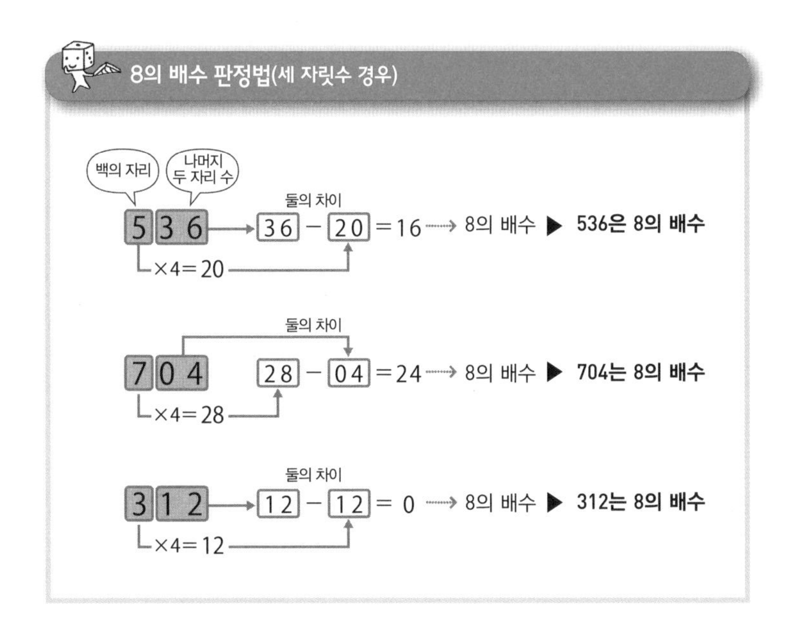

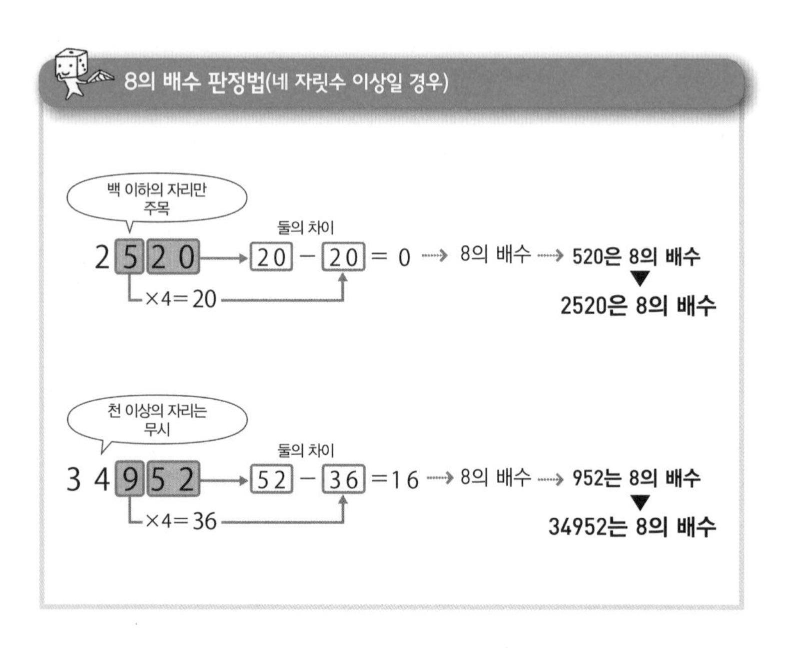

을 알 수 있다. 마찬가지로 이어지는 80, 88도 8의 배수다. 그 다음 8의 배수는 96이다. 두 자릿수 가운데 8의 배수라는 것을 금방 알기가 어려운 수는 96뿐이다.

문제는 세 자릿수인데, 다음과 같은 방법으로 판정할 수 있다. 먼저 백의 자리와 나머지 두 자리로 나눈다. 그리고 백의 자리 수에 4를 곱한 값과 나머지 두 자리의 수를 비교해 큰 쪽에서 작은 쪽을 뺀다. 이 차이가 8의 배수라면 원래의 세 자릿수는 8의 배수다.

만약 백의 자리 수에 4를 곱한 값과 나머지 두 자리의 수가 같다면 그 차이는 0이 되며, 0은 8의 배수(0은 8로 나누어떨어지기 때문에)이므로 원래의 세 자릿수도 8의 배수다.

신기하게도 네 자리 이상의 경우는 천의 자리 이상은 무시하고 마지막 세 자리의 수만으로 판정하면 된다. 왜냐하면 1,000이 8의 배수(1000÷8=125)이기 때문이다.

이 구분법을 이용하면 2520이 8의 배수인지 아닌지도 금방 알 수 있다. 마지막 세 자리의 수인 520에만 주목하면 백의 자리 수인 5에 4를 곱한 20과 나머지 두 자리의 수인 20의 차는 0이다. 0은 8의 배수이므로 520은 8의 배수가 되며, 그러므로 2520도 8의 배수다.

7의 배수를 판정하자(세 자릿수까지)

지금까지 2, 3, 4, 5, 6, 8, 9, 10의 배수를 판정하는 방법을 살펴보았다. 큰 수도 일의 자리 혹은 마지막 두 자리의 수로 변환시키면 판정이 용이해진다는 것을 확인했다.

이번에는 가장 골치 아픈 존재인 7의 배수를 판정하는 방법을 살펴보자. 먼저 세 자릿수일 경우다.

세 자릿수를 판정하기 위해서는 두 자릿수의 7의 배수를 기억해두어야 한다.

14, 21, 28, 35, 42, 49, 56, 63(여기까지는 구구단의 7단)

70, 77, 84, 91, 98(특히 마지막 세 수를 기억한다)

'(백의 자리×2)+(마지막 두 자릿수)'의 값이 7의 배수라면 그 세 자릿수는 7의 배수가 된다. 가령 259를 살펴보자.

259→2×2+59=63→7의 배수→259는 7의 배수(259÷7=37)

세 자릿수 가운데는 (백의 자리×2)+(마지막 두 자리의 수)의 값이 세 자릿수가 되는 경우가 있다. 그럴 경우는 다시 한 번 이

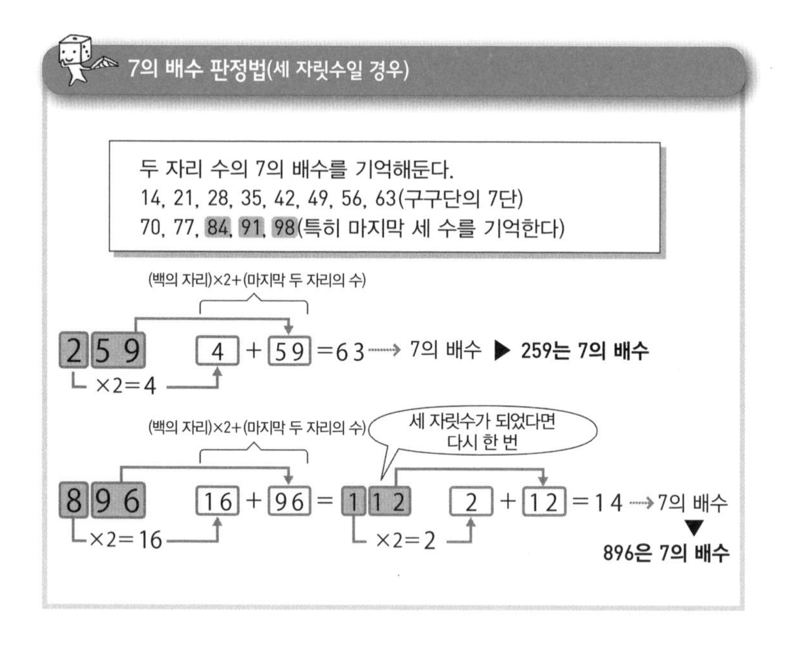

판정법을 사용해 자릿수를 줄인다.

$896 \rightarrow 8 \times 2 + 96 = 111 \rightarrow 1 \times 2 + 12 = 14 \rightarrow 112$는 7의 배수 → 896은 7의 배수($896 \div 7 = 128$)

7의 배수를 판정하자(네 자릿수~다섯 자릿수)

세 자릿수의 7의 배수를 판정하는 방법은 (백의 자리×2)+(마지막 두 자리의 수)가 7의 배수인지 아닌지를 조사하는 것이다. 그리고 이 방법은 네 자릿수와 다섯 자릿수에도 응용할 수 있다.

네 자릿수, 다섯 자릿수의 경우는 (백 이상의 자리×2)+(마지막 두 자리의 수)의 값이 7의 배수라면 원래의 수가 7의 배수임을 알 수 있다.

2520을 판정해보자.

$2520 \rightarrow 25 \times 2 + 20 = 70 \rightarrow 7$의 배수 → 2520은 7의 배수($2520 \div 7 = 360$)

네 자릿수 이상일 경우, (백 이상의 자리×2)+(마지막 두 자리의 수)의 값이 세 자릿수가 될 경우가 있다. 그럴 경우는 다시 한 번 이 판정법을 사용한다.

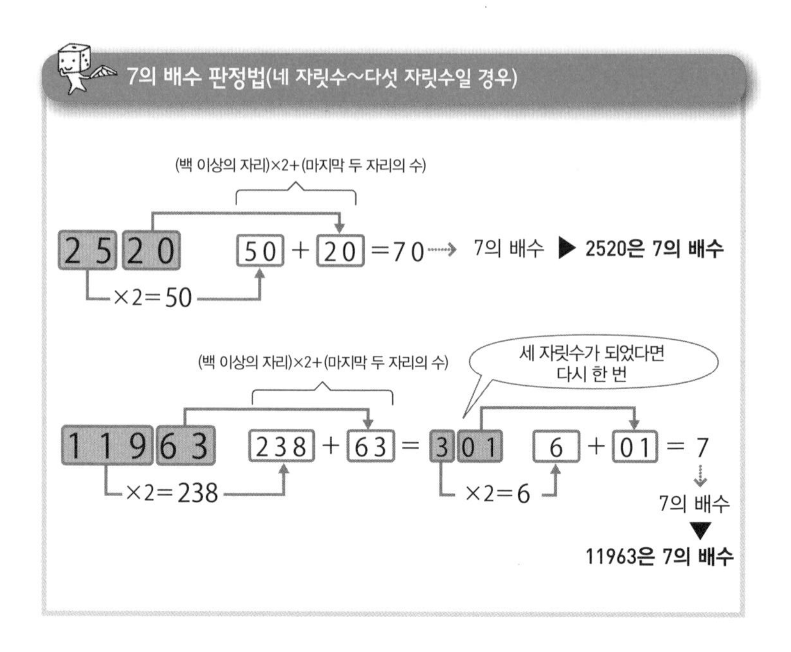

11963→119×2+63=301→3×2+01=7→301은 7의 배수 →11963은 7의 배수(11963÷7=1709)

7의 배수를 판정한다(여섯 자릿수 이상)

여섯 자릿수 이상의 7의 배수를 판정하는 방법은 세 자릿수씩 나눠서 교대로 더하고 뺀 합이 7의 배수라면 원래의 수는 7의 배수가 된다는 것이다. 그러므로 세 자릿수씩 나눠서 교대로 더하거나 뺀 합이 7의 배수인지를 판정한다.

판정 방법은 지금까지와 마찬가지로 (백의 자리×2)+(마지막 두 자리의 수)의 결과가 7의 배수라면 7의 배수다.

실제로 판정해보자. 예를 들어 186,823이라는 여섯 자릿수의 경우, 186과 823으로 나눠서 186은 빼고 823은 더한 결과인 637이 7의 배수인지를 살펴본다.

6×2+37=49가 7의 배수이므로 637은 7의 배수이고, 따라서 186,823은 7의 배수로 판정된다.

이어서 일곱 자리인 2,539,880을 판정해보자. 2와 539와 880으로 나눠서 2−539+880을 계산한 343이 7의 배수인지를 살펴

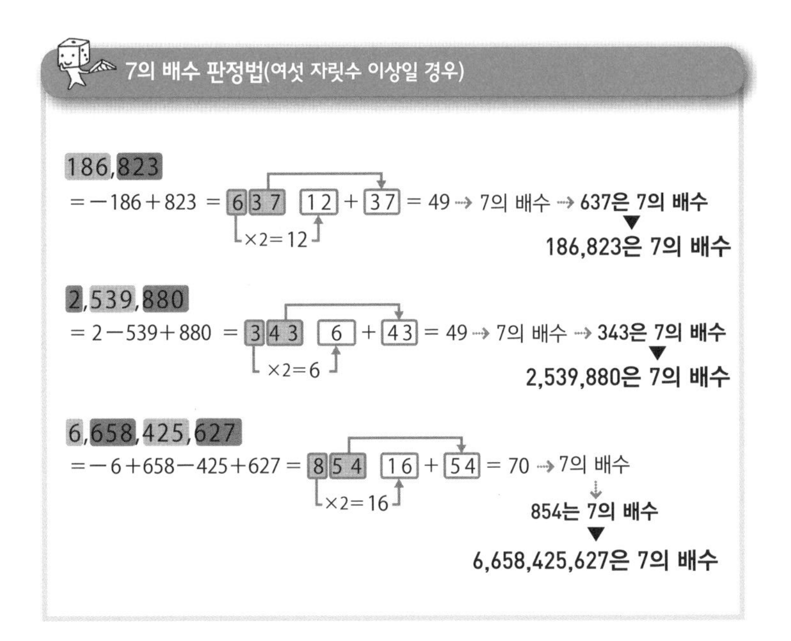

본다. 3×2+43=49가 7의 배수이므로 2,539,880은 7의 배수로 판정된다.

그러면 열 자릿수인 6,658,425,627의 경우는 어떨까?

6과 658과 425와 627로 나눠서 −6+658−425+627를 계산한 854가 7의 배수인지를 살펴본다. 8×2+54=70은 7의 배수이므로 6,658,425,627은 7의 배수로 판정된다.

이와 같이 7의 배수는 아무리 자릿수가 크더라도 세 자릿수씩 나눠 더하고 뺀 후 마지막 세 자리의 수만 판정하면 된다.

배수 찾기 게임에 도전하자

지금까지 2부터 10까지의 배수 판정법을 소개했다. 마지막으로 독자 여러분이 스스로 배수 찾기 게임에 도전해보길 바란다.

예를 들어 슈퍼마켓의 전단지나 달력의 숫자를 가지고도 배수 찾기 놀이를 할 수 있다. 주변에 보이는 숫자의 배수를 판정해보자.

우리 주변의 숫자로 배수 판정을 해보자

1 3 **8** ▶ 일의 자리가 2인 배수 ▶ **138은 2의 배수**

1 3 8 ▶ 각 자리 수의 합 1＋3＋8＝12가 3의 배수 ▶ **138은 3의 배수**

1 3 8 ▶ 일의 자리가 2의 배수이고 각 자리 수의 합이 3의 배수 ▶ **138은 6의 배수**

2012
calendar

2 0 **1 2** ▶ 마지막 두 자리 수 12는 4의 배수 ▶ **2012는 4의 배수**

Q. 2부터 10까지의 배수 판정법을 시험해보자.

① 695는 5의 배수인가?
② 932는 4의 배수인가?
③ 801은 3의 배수인가?
④ 822는 6의 배수인가?
⑤ 873은 9의 배수인가?
⑥ 9184는 8의 배수인가?
⑦ 413은 7의 배수인가?

A. ① 5의 배수는 일의 자리가 0 또는 5 → 695는 5의 배수다.

② 4의 배수는 마지막 두 자리의 수가 4의 배수 → 마지막 두 자리의 수인 32가 4의 배수이므로 932는 4의 배수다.

③ 3의 배수는 각 자리 수의 합이 3의 배수 → 8+0+1=9가 3의 배수이므로 801은 3의 배수다.

④ 6의 배수는 일의 자리가 2의 배수이고 각 자리 수의 합이 3의 배수 → 822는 일의 자리가 2이므로 2의 배수다. 또 8+2+2=12가 3의 배수이므로 822는 3의 배수다. 따라서 822는 6의 배수다.

⑤ 9의 배수는 각 자리 수의 합이 9의 배수 → 8+7+3=18이 9의 배수이므로 873은 9의 배수다.

⑥ 네 자릿수인 8의 배수는 백의 자리×4와 마지막 두 자리 수의

차가 8의 배수 → 9184의 마지막 세 자리 184에 주목하면, 1×4=4와 마지막 두 자리의 수 84의 차는 84−4=80이다. 이것은 8의 배수이므로 9184는 8의 배수다.

⑦ 세 자릿수인 7의 배수는 백의 자리×2와 마지막 두 자리 수의 합이 7의 배수 → 413은 4×2+13=21이며, 이것은 7의 배수다. 그러므로 413은 7의 배수다.

앞으로 어떤 수를 만나면 배수 판정법을 떠올리고 무엇의 배수인지 판정해보길 바란다.

'어림 계산'으로 효율을 높이자!

예전에 배웠던 법칙을 이용한 두뇌 체조

닮음 법칙과 지수 법칙을 이용한 수학 퀴즈에 도전해 보자. 닮음 법칙은 '넓이는 길이의 제곱에, 부피는 길이의 세제곱이 비례한다'라는 법칙이고, 지수 법칙은 지수의 곱셈은 덧셈으로, 나눗셈은 뺄셈으로 계산할 수 있는 아주 편리한 법칙이다.

다음은 닮음 법칙에 관한 퀴즈다.

Q. **회사의 건강진단 결과, 다이어트를 권고받은 A(키 160센티미터, 몸무게 75킬로그램)는 동료인 B처럼 찌지도 마르지도 않은 체형(키 175센티미터, 몸무게 70킬로그램)을 만들기로 결심했다. A는 목표 체중을 몇 킬로그램으로 설정해야 할까?**

포인트
- ▶ 체형과 근육질이 비슷한 상대를 골라 닮음 법칙을 이용한다!
- ▶ 신장비(身長比)=길이의 비
- ▶ 체중비(體重比)는 길이의 비(닮음비)의 세제곱

'닮음'으로 이상적인 체형을 찾는다

계산 방법은 아주 간단하다. 그러나 그 계산을 하려면 준비가 필요하다. 먼저 조금 살찐 A는 '이상으로 삼을 사람'을 찾아야 한다.

신체의 균형은 복잡하다. 얼굴의 크기, 어깨 너비, 팔 길이, 키에 대한 다리 길이의 비율 등 수많은 포인트가 있다. 그러므로 A는 체중을 줄였을 때 자신의 체형에 가깝다고 상상되는 체형의 소유자를 찾는 것이 중요하다.

체형이 같은 두 사람을 비교하기 위해 신장비를 조사한다. '신장비=가로의 비=앞뒤의 비'라고 생각하는 것이다.

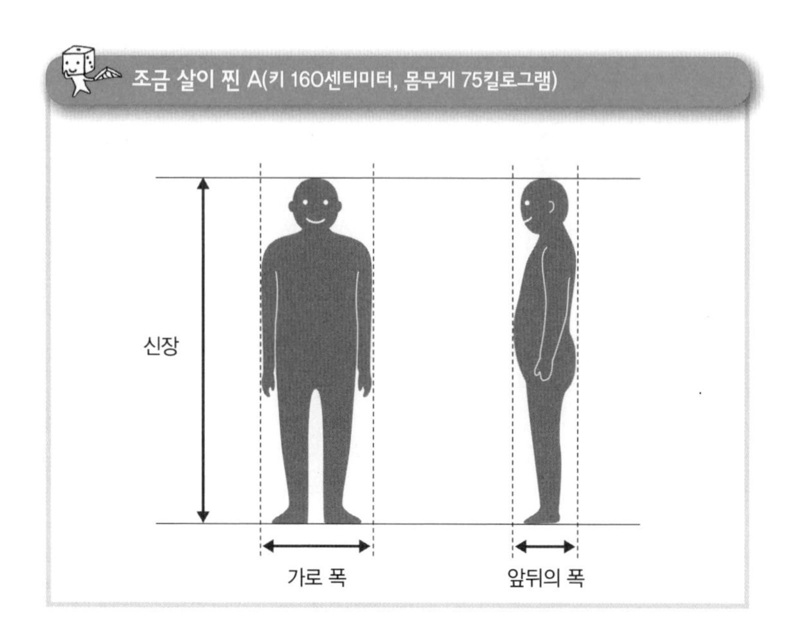

체형 외에도 계산의 전제가 되는 요소가 있다. 바로 몸무게와 부피의 비(신체 밀도)다. 인간의 경우 체지방보다 근육의 비중이 더 크다. 즉, 근육질인 사람은 그렇지 않은 사람보다 신체 밀도가 크다. 그런 의미에서 A는 근육이 붙은 수준도 대략 비슷한 사람을 목표로 삼게 된다.

이상과 같이 체형과 근육질의 정도라는 두 가지에 주의해 이상으로 삼을 사람을 찾았을 때 비로소 닮음비에서 부피비, 즉 체중비를 계산하는 것이 의미 있게 된다.

A가 이상으로 삼은 B의 체형은 키 175센티미터, 몸무게 70

킬로그램이다. 먼저 키에서 길이의 비(닮음비)를 구하면, 160÷175=약 0.914가 된다. 따라서 약 0.914의 세제곱이 부피비(=체중비)가 된다. 이것을 계산하면 0.914의 세제곱은 0.914×0.914×0.914=약 0.764다.

즉, 키 160센티미터인 A가 키 175센티미터인 B와 비슷한 체형이 되는 몸무게는 75킬로그램×0.764=57.3킬로그램이다.

A가 이 계산으로 구한 이상 체중을 달성하면 정말 B의 체형과 비슷해질지 확인해보자. 이를 위해 비만도의 지수인 BMI 지수(신체질량 지수)를 사용한다. BMI 지수는 체중을 키(미터)의 제곱으로 나눠서 구할 수 있다. 함께 계산해보자.

B의 BMI 지수는 70÷(1.75×1.75)=약 22.9다. 이에 비해 다이어트 전 A의 BMI 지수는 75÷(1.6×1.6)=약 29.3이다. 그리고 B와 닮은꼴이 되는 57.3킬로그램으로 감량했을 때는 57.3÷(1.6×1.6)=약 22.4가 된다. 이상으로 삼은 B의 BMI 지수와 비슷한 수치가 되는 것이다.

다이어트를 하면 흔히 몸무게에만 신경을 쓰는데, 키라는 길이의 비와 신체 밀도라는 근육이 붙은 정도에도 주목해야 균형 잡힌 건강한 체형을 만들 수 있다.

이러한 노력을 돕는 것이 닮음 법칙이라는 수학의 법칙이다.

BMI 지수를 구하는 법

BMI 지수 = 몸무게(kg) ÷ {키(m) × 키(m)}

B의 BMI 수치

= 70 ÷ (1.75 × 1.75) ≒ 22.9

A의 BMI 수치

(다이어트 전) = 75 ÷ (1.6 × 1.6) ≒ 29.3

(다이어트 후) = 57.3 ÷ (1.6 × 1.6) ≒ 22.4

BMI 수치가 거의 같아졌다!

닮음 법칙으로 감량 목표를 설정하면……

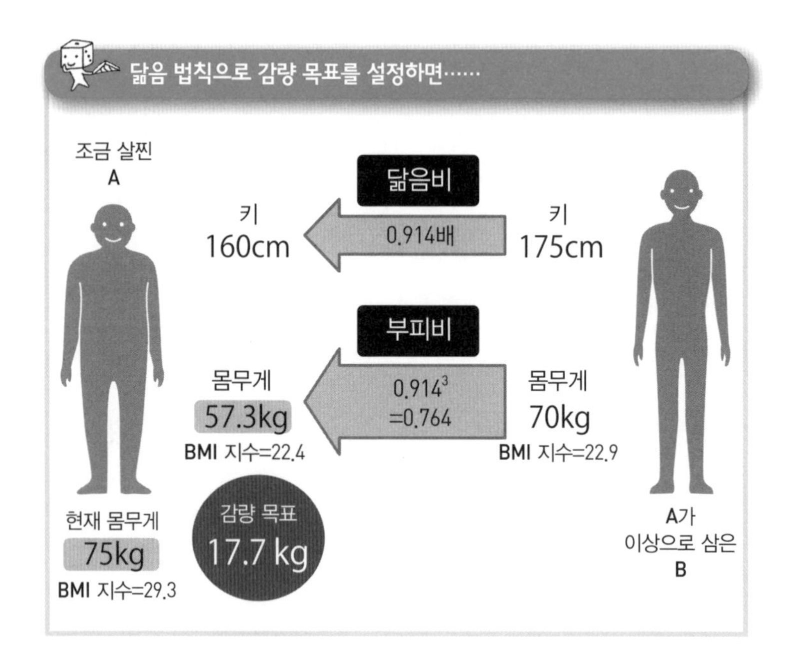

다음은 지수 법칙에 관한 퀴즈다.

Q. 여러분은 두 가지 거래 제안을 받았다. 어느 쪽과 계약할지 즉시 결정해야 한다. 다음 거래 제안 A와 B 중 어느 쪽의 매출 총이익이 높을까.

거래 제안 A

매입가: 67엔

판매가: 160엔

개수: 9억 개

비용: 80퍼센트

거래 제안 B

매입가: 890엔

판매가: 1,980엔

개수: 1,100만 개

비용: 50퍼센트

포인트

▶ 계산하기 쉬운 수로 만든다!
→ 반올림, 올림, 내림을 사용한다.

▶ 단위의 환산에 주목!
→ 1억(10^8)은 0이 8개임을 기억한다.

▶ 지수 법칙을 사용한다!

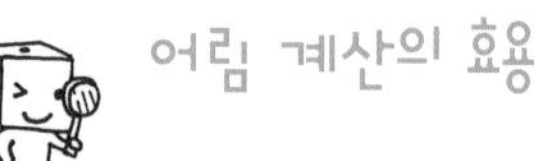

두 거래 제안의 매출 총이익을 각각 계산해보자. 매출 총이익은 판매가에서 매입가를 뺀 값(이것이 이익이다)에 개수와 비용 계산(1−비용)을 곱해서 구한다.

그러나 현장에서 빠르게 판단을 내려야 하는 상황이라면 전자계산기를 꺼내서 계산할 여유가 없다. 또한 재빨리 판단하기 위해 알아야 할 것은 '어느 쪽의 매출 총이익이 많은가'이지 정확한 계산이 아니다. 이럴 경우, 판단을 빠르게 내리기 위한 열쇠가 바로 어림 계산이다.

어림 계산의 요령을 살펴보자.

먼저 거래 제안 A의 매출 총이익을 생각해보자. '판매가−매입가(160−67)'을 대충 100으로 놓고 이것을 다시 10^2로 환산한다. 다음에는 9억 개를 10억으로 어림잡아 10×10^8로 환산한다. '1−비용(1−0.8)'은 0.2다. 그리고 이때 지수 법칙이 등장한다.

어림 계산에 따른 매출 총이익은 $10^2\times10\times10^8\times0.2=10\times10^{2+8}\times0.2=2\times10^{10}$(엔)이 된다.

다음으로 거래 제안 B를 계산해보자. 마찬가지로 먼저 '판매가−매입가(1980−890)'를 1,000으로 어림잡고 이것을 다시 10^3으로 환산한다. 1,100만은 0.1억으로 고친 다음 0.1×10^8, 다

매출 총이익을 구하는 법

매출 총이익 = (판매가−매입가) × 개수 × (1−비용)

시 $0.1\times10^8=10^7$로 환산한다. 또 '1−비용(1−0.5)'은 0.5다.

어림 계산에 따른 매출 총이익은 $10^3\times10^7\times0.5=0.5\times10^{3+7}$ $=5\times10^9$(엔)이 된다.

지수 법칙

a > 0, b > 0 , a ≠ 1, b ≠ 1, m과 n을 실수라고 하면

$$a^m \times a^n = a^{m+n}$$

$$a^m \div a^n = a^{m-n}$$

$$(a^m)^n = a^{mn}$$

$$(ab)^m = a^m b^m$$

$$\left(\frac{a}{b}\right)^m = \frac{a^m}{b^m}$$

(a와 b를 밑, m과 n을 지수라고 한다)

거래 제안 A의 매출 총이익은 2×10^{10}, 거래 제안 B의 매출 총이익은 5×10^{9}이다. 거래 제안 A의 지수가 더 크므로 큰 수라고 할 수 있다. 따라서 어림 계산에 따라 '거래 제안 A의 매출 총이익이 더 크다'는 것을 알 수 있다.

이어 어림 계산과 정확한 계산의 수치를 비교해보자. 다음 쪽의 그림을 보면 알 수 있듯이 대략적인 숫자는 일치한다.

번거로운 계산을 피하기 위해 '계산하기 쉬운 수', '단위 환산', '지수'를 사용하는 것은 효과적인 방법이다. 어림 계산을 잘하려면 '얼마나 계산하기 쉬운 수로 고치는가', '단위 환산법을 알고 있으며 익숙한가', '얼마나 지수 법칙을 잘 활용하는가' 같은 계산 기술이 필요한데, 이것은 현장에서 실천을 해야만 익숙해질 수 있다.

평소에 슈퍼마켓에 갔을 때 '그램당 가격은 어느 쪽이 더 저렴한가' 등을 계산하면서 장을 봐도 좋겠다. 어림 계산을 자꾸 해보고 나중에 그 결과를 다시 평가하는 경험을 쌓자. 그러면 판단력이 향상되어 학교와 가정 등에서 믿음직한 존재가 될 수 있을 것이다.

어림 계산과 정확한 계산을 비교해보면……

거래 제안 A

(정확한 계산) $= (160 - 67) \times 900{,}000{,}000 \times (1 - 0.8)$

$= 93 \times 900{,}000{,}000 \times 0.2$

$= 16{,}740{,}000{,}000$ (엔)

$= 1.674 \times 10^{10}$ (엔)

(어림 계산) $= 10^2 \times 10 \times 10^8 \times 0.2$

$= 10 \times 10^{2+8} \times 0.2$

$= 2 \times 10^{10}$ (엔)

거래 제안 B

(정확한 계산) $= (1{,}980 - 890) \times 11{,}000{,}000 \times (1 - 0.5)$

$= 1{,}090 \times 11{,}000{,}000 \times 0.5$

$= 5{,}995{,}000{,}000$(엔)

$= 5.995 \times 10^9$ (엔)

(어림 계산) $= 10^3 \times 10^7 \times 0.5$

$= 0.5 \times 10^{3+7}$

$= 5 \times 10^9$ (엔)

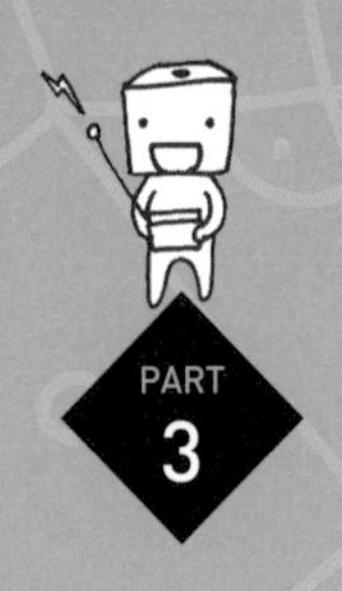

PART 3

황홀할 만큼 아름다운 수학

피라미드 계산은 아름답다

11부터 19까지의 제곱을 계산해보자

초등학교에서 배운 구구단은 1단부터 9단까지밖에 없었다. 그런데 '두 자릿수끼리의 곱셈을 좀 더 간단하고 빠르게, 그리고 정확하게 할 수 있다면……' 하고 생각해본 적은 없는가?

지금부터 11부터 19까지의 제곱을 빠르게 계산하는 방법을 소개하겠다. 여기에는 여러 가지 재미있는 계산 방법이 숨어 있다.

피라미드 계산

11×11은 '피라미드 계산'을 이용한다. 아래 그림을 보면 알 수 있듯이, 피라미드 계산은 1로만 구성된 수를 제곱할 때의 계산 방법이다.

답을 보고 있으면 어떤 법칙이 떠오르지 않는가? 그렇다. 1부터 순서대로 숫자가 커지다 자릿수의 숫자에서 최대가 되고 다시 숫자가 작아지며, 마지막에는 1로 끝이 난다. 아름다운 피라미드가 만들어지는 것이다.

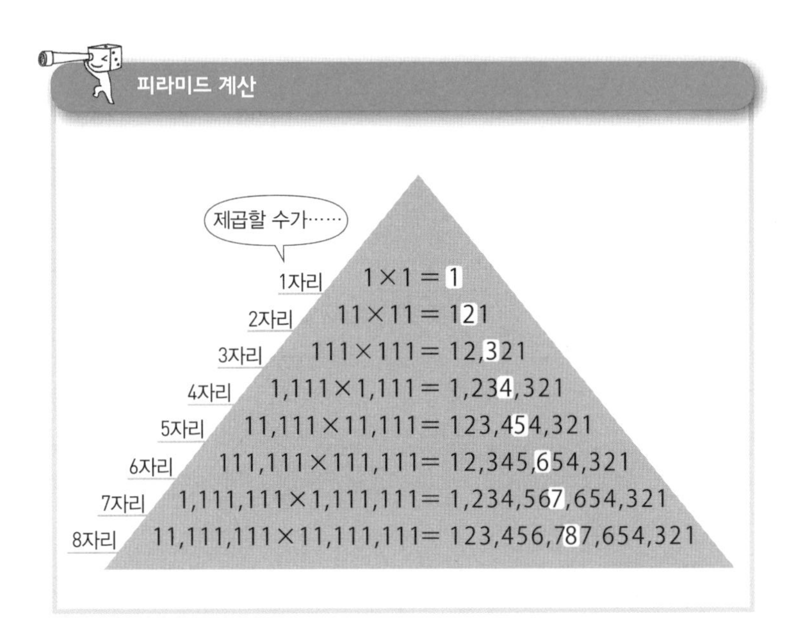

11부터 19까지의 제곱의 계산

11 × 11 = 121
12 × 12 = 144
13 × 13 = 169
14 × 14 = 196
15 × 15 = 225
16 × 16 = 256
17 × 17 = 289
18 × 18 = 324
19 × 19 = 361

십의 단끼리의 곱셈 방법

11부터 19까지의 제곱은 전부 '십의 단끼리의 곱셈 방법'으로 계산할 수 있다. 곱하는 수와 곱해지는 수의 일의 자리를 곱했을 때 받아 올림이 있는 경우와 없는 경우로 나눠서 설명하지만 기본적으로는 같은 방법이다.

먼저 받아 올림이 없는 경우다. 12×12나 13×13이 여기에 해당한다. 12×12를 예로 들어 설명하겠다.

답의 일의 자리는 12와 12의 일의 자리의 곱(2×2)인 4다.

답의 십의 자리와 백의 자리(답의 앞쪽 두 자리)는 12와 또 다른 12의 일의 자리의 합(12+2)인 14다. 따라서 12×12=144가 된다.

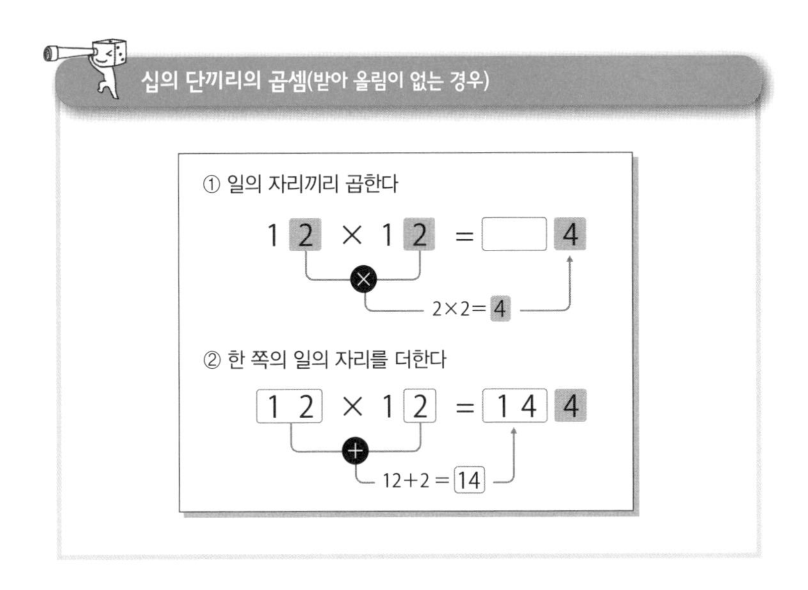

다음은 받아 올림이 있는 경우다. 14×14의 경우를 생각해 보자.

답의 일의 자리는 14와 14의 일의 자리의 곱(4×4)인 16에서 일의 자리인 6이다.

답의 십의 자리와 백의 자리(답의 앞쪽 두 자리)는 14와 또 다른 14의 일의 자리의 합(14+4)인 18에 일의 자리의 계산에서 나온 받아 올림 1을 더한 18+1=19다. 따라서 14×14=196이 된다.

다만 이 방법은 15 이후의 수의 경우 받아 올리는 수가 커져서 계산이 조금 귀찮아진다. 좀 더 편하게 계산할 수 있는 방법은 없을까?

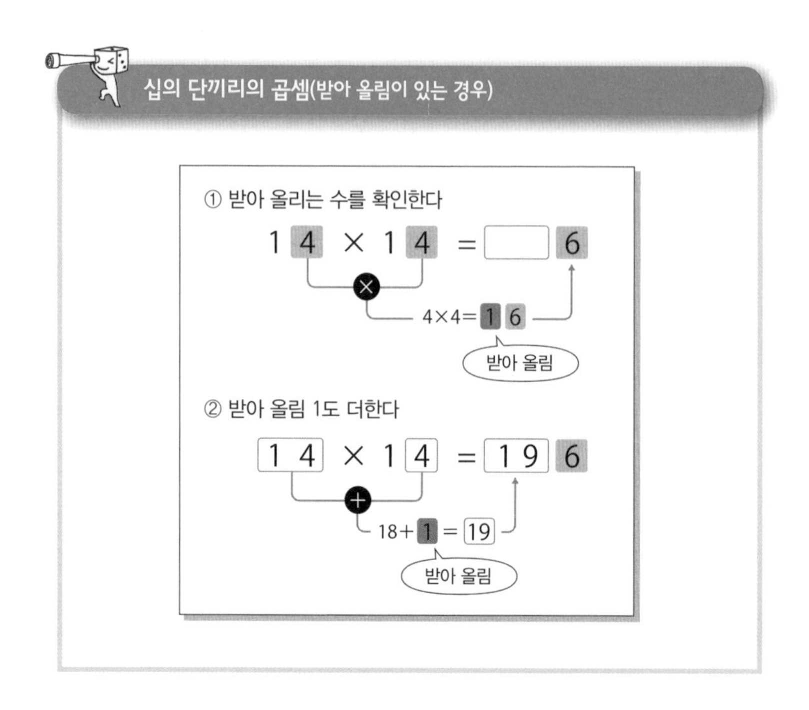

지수를 이용한 계산 방법

15 이상일 경우는 '십의 단끼리의 곱셈 방법'과는 다른 계산 방법을 추천한다. 15×15는 '십의 자리가 같고 일의 자리의 합이 10인 곱셈의 계산 방법', 16×16은 '지수를 이용한 계산 방법'이다.

십의 자리가 같고 일의 자리의 합이 10인 곱셈의 계산 방법도 편리한 방법이다. 15×15의 경우, 십의 자리의 수는 1로 같고 일의 자리의 수인 5와 5는 더하면 10이므로 이 방법을 사

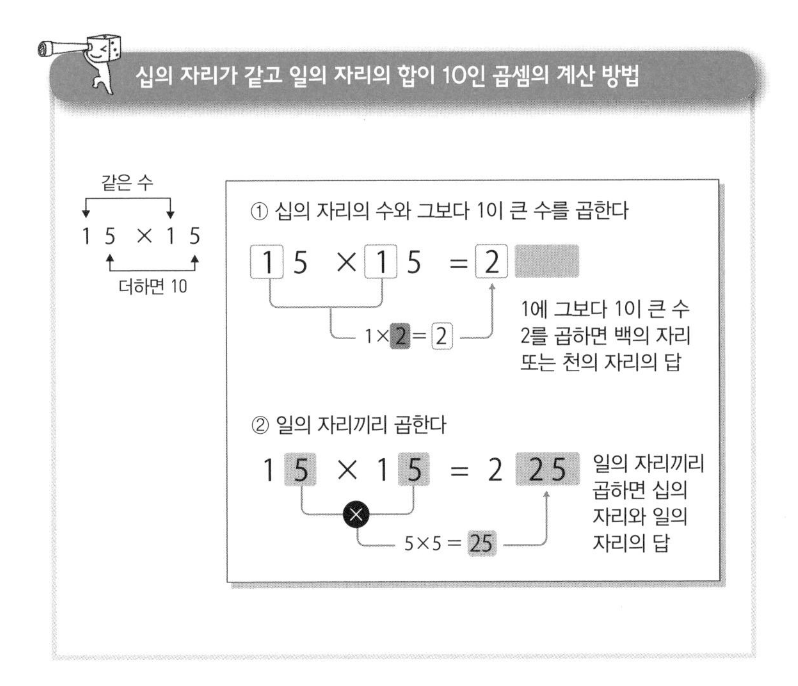

용할 수 있다.

먼저 십의 자리의 수와 십의 자리의 수보다 1이 큰 수를 곱한다. 이것이 백의 자리 또는 천의 자리의 답이 된다. 그리고 일의 자리끼리 곱하면 십의 자리와 일의 자리의 답이 된다.

이 방법은 15×15 이외에 23×27, 61×69 등 조건을 만족하는 다른 곱셈에도 사용할 수 있다.

2의 제곱

2^0	1
2^1	2
2^2	4
2^3	8
2^4	16
2^5	32
2^6	64
2^7	128
2^8	256

'2의 제곱을 이용한 계산 방법'은 지수 법칙을 이용해 계산한다(지수 법칙은 165쪽 참조). 위의 표를 보면 알 수 있듯이, 16은 2^4이므로, 16의 제곱은 $2^4 \times 2^4 = 2^{4+4} = 2^8$이 되어 256이다.

재미있는 4배법

17×17, 18×18, 19×19에도 재미있는 계산 방법이 있다.

답을 일의 자리와 십의 자리 이상으로 나눠서 살펴보자. 일의 자리는 각각 7, 8, 9를 제곱한 결과인 49, 64, 81의 일의 자리 9, 4, 1이다.

답을 일의 자리와 십의 자리 이상으로 나눠서 살펴보면……

17	×	17	=	28	9
18	×	18	=	32	4
19	×	19	=	36	1

이번에는 앞의 두 자리로 시선을 옮겨보자. 28, 32, 36으로 되어 있다. 뭔가 느껴지는 것이 없는가? 그렇다. 이 숫자들은 각각 7, 8, 9에 4를 곱한 수와 같다.

나는 이 계산 방법에 '4배법'이라는 이름을 붙였다. 재미있게도 23×23까지는 4배법으로 계산이 가능하다.

이렇게 하면 11부터 23까지의 제곱을 쉽게 계산할 수 있다.

수학은 오묘하다. 11부터 19까지의 제곱 속에 이렇게 많은 계산 방법이 숨어 있는 것이다.

4배법

	백, 십의 자리	일의 자리
□○×□○=	(□－10)×4	○×○의 일의 자리

(다만, □○는 17부터 23까지)

	백, 십의 자리	일의 자리		백, 십의 자리	일의 자리
17×17=	(17－10)×4	7×7의 일의 자리	=	28	9
18×18=	(18－10)×4	8×8의 일의 자리	=	32	4
19×19=	(19－10)×4	9×9의 일의 자리	=	36	1
20×20=	(20－10)×4	0×0의 일의 자리	=	40	0
21×21=	(21－10)×4	1×1의 일의 자리	=	44	1
22×22=	(22－10)×4	2×2의 일의 자리	=	48	4
23×23=	(23－10)×4	3×3의 일의 자리	=	52	9

계산 방법
발견!
17 ×17
11 × 11
14 ×14

미분은 '차이'

자동차와 미분의 관계

시게노 슈이치(しげの秀一)의 인기 만화 『이니셜 D』는 공도(公道)에서 가장 빠른 사나이가 되고자 하는 젊은 드라이버의 이야기를 그린 작품이다. 제목의 'D'는 드리프트 주행(drift)의 머리글자라고 하는데, 나는 그런 줄도 모르고 멋대로 운전(driving)의 'D'라고 생각했다.

각설하고, 자동차와 D라고 하면 나는 '미분'이 연상된다. 사실 자동차 속에도 미분(differential)이 들어 있다. 바로 '디퍼렌셜 기어(differential gear)'라고 부르는 장치다. 대형 트럭을 뒤에서 바라보면 후륜 타이어의 샤프트 한가운데에 커다랗고 둥근 물체가 있는데 그것이 디퍼렌셜 기어다. 우리말로 '차동장치(差動裝置)'라고 번역하듯이, 'differential'에는 '차이'라는 의미가 있다.

자동차가 직진할 때 좌우의 타이어는 같은 속도로 회전한다. 이것은 '회전 차가 없는 상태'다. 이번에는 우회전할 경우를 생각해보자. 아래 그림에서 알 수 있듯이 안쪽 바퀴와 바깥쪽 바퀴에 회전 차가 발생한다. 그런데 좌우 바퀴를 같은 회전수로 회전시키면 원활하게 방향을 전환할 수가 없다. 그래서 기어를 조합해 회전 차를 조절하는 장치가 디퍼렌셜 기어다.

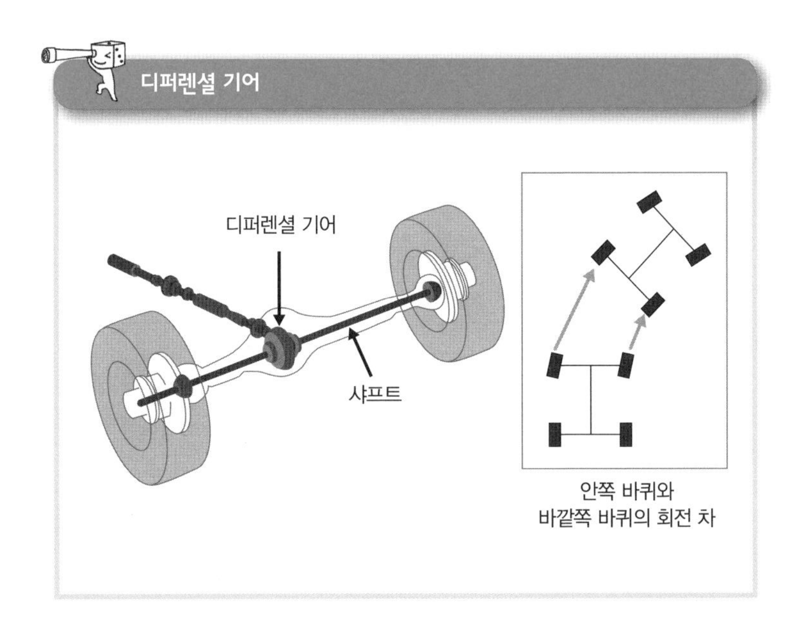

differential은 일반적으로는 차(差), 수학적으로는 미분이라는 두 가지 의미를 지닌 단어다. 그런데 왜 '차=미분'일까?

그 답은 자동차가 알려준다. 만화 『이니셜 D』의 큰 주제는 '속도'인데, 이것이야말로 미분이다. 그 수수께끼를 풀어보도록 하자.

미분과 델타

'변화하는 양이 있을 경우'에 순간의 변화량을 구하는 것을 미분이라고 한다. '순간'에 앞서 생각하는 것이 '미소량'인데, 이것이 'Δ(델타)'다. 델타(delta) 역시 '이니셜 D'다.

서로 관계하는 두 변수 x와 y를 생각해보자. Δx의 사이에 y가 Δy만큼 변화했다고 가정한다. 이때의 비 $\dfrac{\Delta y}{\Delta x}$를 '평균 변화율'이라고 한다.

자동차의 경우는 y가 위치, x가 시간이다. 100킬로미터를 두 시간 걸려 이동했다면 Δy는 100킬로미터, Δx는 두 시간이므로 평균 변화율은 100(킬로미터)÷2(시간)=50(킬로미터/시간)이 된다. 바로 이것이 평균 시속이다.

이때 x의 미소량 Δx를 한없이 0에 가깝게 만들 경우, y의 미소량 Δy도 한없이 0에 가까워진다. 그 비(比)가 미분이다.

미분의 정의

$$f'(a) = \lim_{x-a} \frac{f(x)-f(a)}{x-a}$$

미분 계수

y의 변화량은 차이

x의 변화량은 차이

함수 $f(x)$에 대해 극한이 존재할 때, $f(x)$는 $x=a$에서 미분 가능하다고 한다.
이 극한을 $f'(a)$라고 하며, $x=a$에서 $f(x)$의 미분 계수라고 부른다.

Δx, Δy를 한없이 제로에 가깝게 만든 것을 각각 dx, dy라고 표시한다. 즉, 평균 변화율 '$\frac{\Delta y}{\Delta x}$'의 극한인 $\frac{dy}{dx}$가 미분이다. 그리고 '$\frac{dy}{dx}$를 구하는 것'을 'y를 x로 미분한다'고 말한다.

'Δx를 한없이 0에 가깝게 만든다'는 것은 '시간이 한없이 0이 된다'는 의미다. 요컨대 '순간'을 나타낸다. 즉, 순간의 변화율이 미분인 셈이다. 자동차의 경우를 예로 들면 평균 속도에 대한 순간 속도가 미분이다.

속도계는 미분계

자동차의 속도계는 순간순간의 속도를 표시하므로 미분값을 표시하고 있는 셈이다. 속도계는 곧 미분계인 것이다.

물리학에서는 위치를 시간으로 미분한 것을 속도, 속도를 시간으로 미분한 것을 가속도(acceleration)라고 표현한다. 액셀러레이터를 밟았을 때 속도계의 바늘이 계속 오른쪽으로 회전하는 모습을 보는 것은 가속도를 본다는 말이다. 요컨대 '속도의 미분'을 보는 것과 같다.

일정한 속도로 자동차가 움직이는 동안은 몸이 힘을 받지 않는다. 속도의 미분(가속도)이 0이면 힘도 0이다. 그러나 액셀러레이터 혹은 브레이크를 밟았을 경우에는 몸에 힘을 받는 것이 느껴진다. 속도의 미분(가속도)이 양이라면 양의 힘, 음이라면 음의 힘이 발생하기 때문이다.

힘이 가속도에 비례한다는 것을 증명한 사람은 뉴턴(Isaac Newton, 1643~1727)이다. 참고로 힘은 물체의 질량에도 비례한다. 이것이 물리학에서 말하는 뉴턴 역학이다.

'차이=미분'의 수수께끼

속도가 미분임을 알았으니 마지막 수수께끼를 풀어보자. 왜 differential은 차이이며 미분일까? 즉, 왜 '차이=미분'일까?

미소량 Δ와 그 극한인 한없이 0에 가까운 d를 다시 한 번 유심히 살펴보자. 이것들은 '변화량'이다. 변화량은 곧 차이를 의미한다.

'미소량 Δ=후의 양−전의 양'이라는 차이다. 그리고 전후의 차이를 한없이 0에 가깝게 만든 것이 d다. 평균 변화율도 미분도 이 차이의 비율이다. 차이와 미분은 이렇게 연결된다.

내가 디퍼렌셜 기어를 안 것은 초등학생 시절 무선 조종 자동차를 가지고 열심히 놀면서였다. 장난감이지만 속도를 내기 위해 진짜 자동차와 똑같은 디퍼렌셜 기어가 장착되어 있었다. 진짜 디퍼렌셜 기어를 분해해볼 수는 없지만 무선 조종 자동차의 디퍼렌셜 기어는 아주 쉽게 분해할 수 있었는데, 손으로 뒷바퀴를 돌려보니 양 바퀴의 회전에 '차이'가 생기는 것을 느낄 수 있었다. '디퍼렌셜'이라는 단어가 내 마음속에 처음 각인되는 순간이었다.

수년이 지나 고등학생이 되어서야 나는 영어 사전에서 differential의 의미와 수학의 미분이 같다는 사실을 알고 이 둘이 연결되어 있음을 이해했다.

마지막으로 또 하나의 '이니셜 D'를 소개하겠다. $\dfrac{dy}{dx}$는 y를 x로 미분한 것인데, 이것을 '도함수'라고도 부른다. 영어로는 'derivative'다.

자동차와 미분을 연결하는 신기한 알파벳 D. '이니셜 D'는 보이지 않는 곳에서 자동차와 세상을 움직이는 중요한 원리인 것이다.

피아노 조율과 라디오의 시보의 공통점

음계의 정체는 주파수

4월 4일은 '피아노 조율의 날'이다. 과연 4월 4일과 피아노 사이에 무슨 관계가 있는 것일까?

음계(음을 순서대로 늘어놓은 것)를 나타내는 '도레미파솔라시도'는 특정한 규칙에 따라 결정되었다. 음정을 나타내는 규칙은 어떤 하나의 음(예를 들어 도)을 기준으로 다른 음(예를 들어 레)을 결정해나간다는 것이다. 그렇게 하면 도에서 다음 도의 사이에 있는 음이 전부 결정된다. 음계가 완성되는 것이다.

도와 솔을 구별하는 방법에 '주파수'라는 개념이 있다. 음은

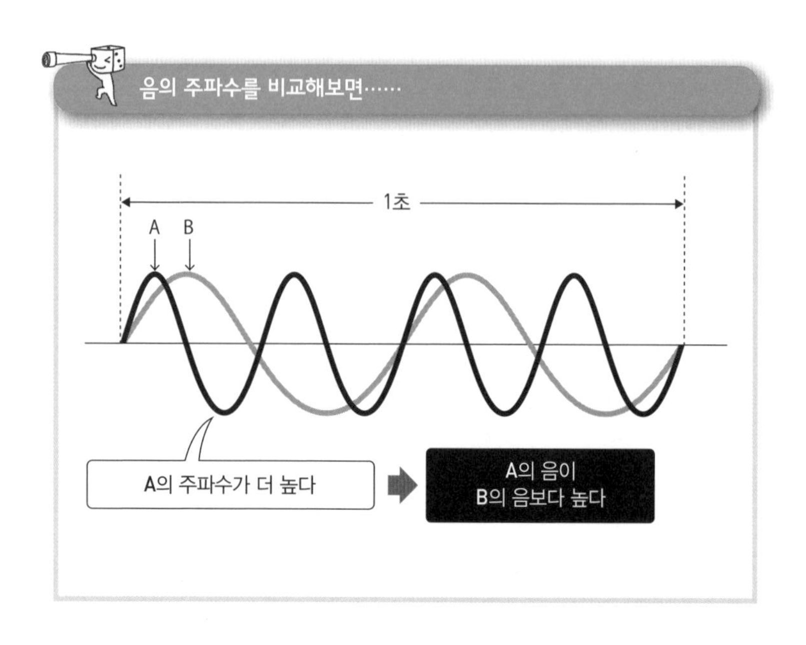

공기의 진동이다. 이것을 음파라고 부르는데, 산과 골짜기가 반복되는 물결로 표시된다. '산 하나와 골짜기 하나의 세트'를 물결 하나로 세며, 물결 하나에 걸리는 시간을 주기라고 한다.

또 1초 동안에 일어나는 물결의 수를 나타낸 것이 주파수다. 이 주파수가 높은 쪽, 즉 1초 동안 물결이 많이 생기는 쪽이 높은 음이다.

주파수의 단위는 헤르츠(Hz)다. 기준이 되는 음이 제각각이면 불편하기 때문에 1939년에 열린 제2회 국제표준음회의에서 '기준이 되는 음은 라(영어와 독일어로는 A)이며, 그 주파수는 440

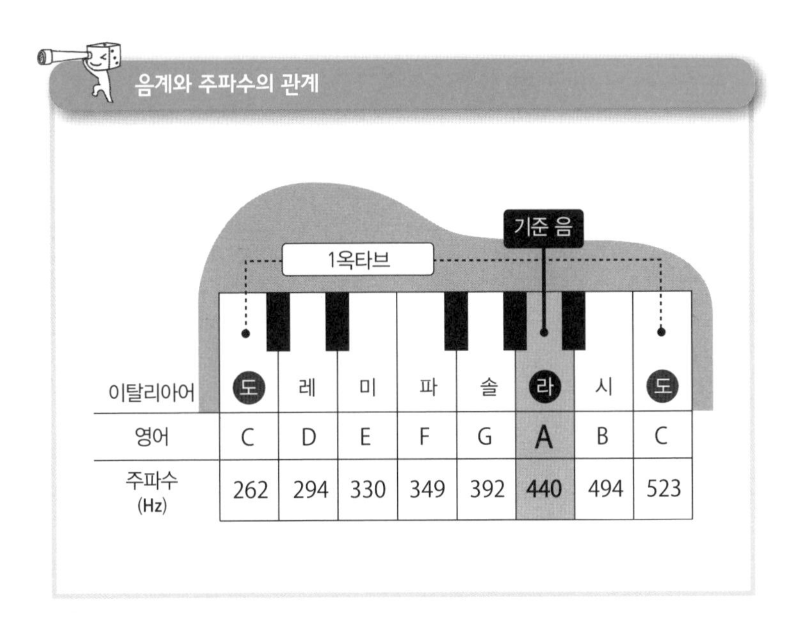
음계와 주파수의 관계

이탈리아어	도	레	미	파	솔	라	시	도
영어	C	D	E	F	G	A	B	C
주파수 (Hz)	262	294	330	349	392	440	494	523

헤르츠'로 결정되었다. 즉, 440헤르츠는 '1초 동안 물결이 440개 있는 음파'를 의미한다.

라디오의 시보는 기준음

440헤르츠의 음은 우리 주변에서도 사용되고 있다. 가령 라디오에서 시간을 알릴 때 나오는 '삐, 삐, 삐, 삐~'라는 음에서 앞의 '삐'는 440헤르츠이며 뒤의 '삐~'는 880헤르츠다. 요컨대 앞의 '삐'는 라, 뒤의 '삐~'는 한 옥타브 높은 라인 것이다.

피아노를 치려면 현을 조절하는 '조율'을 해야 하는데, '라(A) 440헤르츠'를 기준으로 조율을 한다.

아름다운 곡을 연주하기 위해서는 무엇보다도 정확한 소리가 중요하다. 음악의 세계와 수학의 세계는 먼 관계처럼 생각되지만, 사실은 음의 세계에서도 수가 매우 중요한 역할을 하는 것이다.

4월은 영어로 'April'이다. 마침 'A'의 음이 440헤르츠다. 4월 4일은 피아노 조율의 날로 삼기에 아주 적합한 날이다. 이렇게 생각하니 440이라는 숫자가 매우 리드미컬하게 보인다.

신기한 e

십진법과 이진법

우리는 어렸을 때 먼저 열 손가락을 사용해 손가락을 꼽으면서 계산하는 법을 익힌다.

0, 1, 2, 3, 4, 5, 6, 7, 8, 9…… 다음에는 자릿수가 높아져서 10. 이렇게 해서 일, 십, 백, 천……으로 자릿수가 점점 높아진다. 가령 1234라는 숫자는 '1이 네 개, 10이 세 개, 100이 2개, 1,000이 1개'라는 뜻이다.

이렇게 수를 나타내는 법을 십진법이라고 한다. 손가락이 열 개이므로 10을 기본 단위로 삼아 수를 세는 방법이다.

그러나 계산을 할 수 있는 능력은 인간의 전유물이 아니다. 탁상용 전자계산기나 컴퓨터 같은 전자계산기도 계산을 할 수 있다. 그렇다면 컴퓨터는 어떻게 수를 셀까? 물론 컴퓨터는 열 손가락을 가지고 있지 않으므로 우리처럼 십진법으로 세지는 않는다.

컴퓨터는 0과 1이라는 두 수만을 사용한다. 이것을 이진법이라고 한다. 수가 두 개밖에 없으므로 0, 1의 다음은 2가 아니라 자릿수가 늘어나 10이 된다. 10의 다음은 11이며, 그 다음은 다시 자릿수가 늘어나 100이 된다.

십진법과 이진법 비교

십진법	이진법
0	0
1	1
2	10
3	11
4	100
5	101
6	110
7	111
8	1000
9	1001
10	1010

이진법으로 수를 세어보자. 0, 1, 10, 11, 100, 101, 110, 111, 그리고 1000. 1000이라고 해도 십진법의 1,000과는 다른 수다. 이진법에서는 여덟 번째 숫자, 즉 십진법의 8일 뿐이다. 앞 쪽의 표를 보면 이해하기가 쉬울 것이다.

이진법의 1111은?

그렇다면 이진법의 1111은 십진법으로 환산했을 때 몇이 될까? 이것을 순서대로 세려면 시간도 걸리고 세다가 혼란스러워질 수도 있으니 간단한 방법을 소개하겠다.

십진법의 자리는 일의 자리, 십의 자리, 백의 자리, 천의 자리 등이다. 한편 이진법의 자리는 1의 자리, 2의 자리, 4의 자리, 8의 자리다.

요컨대 이진법의 1111은 8이 1개, 4가 1개, 2가 1개, 1이 1개이므로 8+4+2+1=15가 된다. 즉, 1111을 십진법으로 나타내면 15가 되는 것이다.

처음에는 '자리가 나타내는 수가 다르다(받아 올리는 수가 다르다)'는 것이 낯설게 느껴질지도 모르겠다.

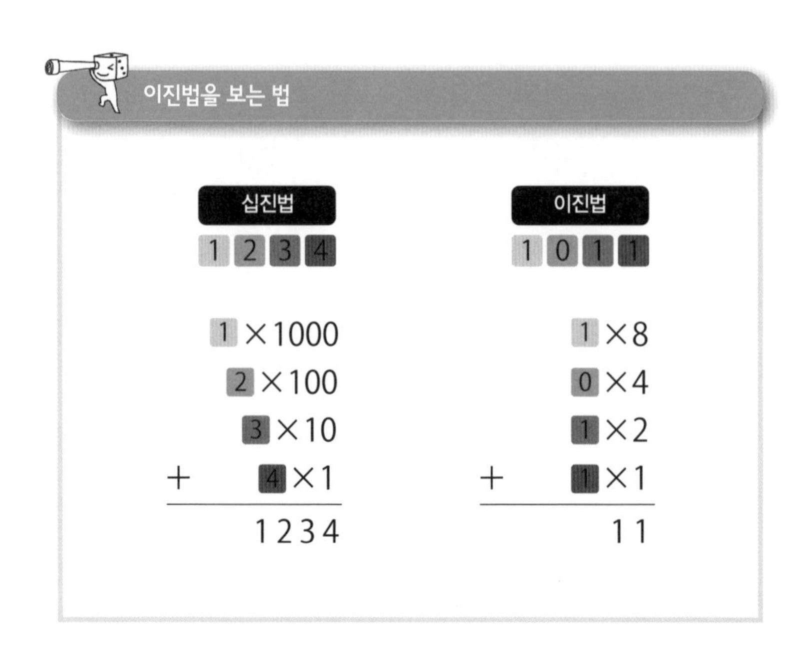

컴퓨터는 왜 이진법을 사용할까?

컴퓨터에 왜 이진법을 사용할까? 다시 말해, 컴퓨터는 왜 손가락의 수가 두 개일까?

익숙한 십진법에 얽매이지 말고 숫자 세는 법을 다시 생각해 보자. 예를 들어 손가락 하나는 수를 나타내기에 부족하다. 그렇다면 손가락의 수가 많을수록 좋을까? 수를 세기에 가장 적합한 손가락의 수가 있지 않을까?

196쪽을 보자. 손가락의 수를 x로 놓았을 때 어떤 정보량을 나타내는 데 최적인, 즉 '낭비가 없는(경제적인) x'를 계산으로 구하자 재미있게도 '네이피어 상수 e'가 최적의 x라는 결과가 나왔다. e=2.718……이므로, 정수로 고치면 '삼진법이 최고'이며 그 다음은 이진법이나 사진법이라는 결론에 이른다.

그러나 컴퓨터는 이진법을 사용한다. 왜 가장 효율적인 진법인 삼진법을 채용하지 않았을까? 그 이유는 컴퓨터의 소재에 있다.

컴퓨터의 '손가락'은 실리콘이라는 반도체로 만든다. 반도체는 조건에 따라 전기를 통과시키거나 통과시키지 않는 성질을 지닌 물질인데, 이 '전기를 통과시키거나 통과시키지 않는다'는 두 패턴을 나타내기에는 이진법이 가장 적합하다.

참고로 반도체의 성질을 지닌 것은 그 밖에도 존재하는데 왜 실리콘을 사용했을까? 그것은 평범한 돌에도 있어 자원이 풍부할 뿐만 아니라 '가공이 용이하다', '순도를 높이기쉽다' 등의 다양한 이점이 있기 때문이다. 이와 같이 컴퓨터가 이진법을 사용한 배경에는 경제적이라는 이유가 있었던 것이다.

숫자를 세는 최적의 방법은 몇 진법인가에 대한 증명

수를 x 진법으로 나타낸다고 가정한다. x 진법의 수를 한 자리 나타내는 데 x 개의 기억 소자가 필요하다고 가정할 경우, n 자리의 수를 나타낼 경우에 필요한 기억 소자의 수 N 은 다음과 같다.

$$N = nx$$

그런데 n 자리의 수를 x 진법으로 나타내면 한 자리에 대해 n 가지의 수를 나타내게 되므로 n 자리에서는 xn 가지의 수를 나타낼 수 있다. 이것을 정보량 I 라고 한다.

$$I = x^n \Leftrightarrow n = \log xI = \frac{\log_e I}{\log_e x}$$

그렇다면 n 자리의 수를 나타낼 경우에 필요한 기억 소자의 수 N 은 정보량 I 를 이용해 다음과 같이 나타낼 수 있다.

$$N = nx = \frac{\log_e I}{\log_e x}\ x = \log_e I \times \frac{x}{\log_e x}$$

정보량 I 가 일정(I 는 정수) 할 경우 기억 소자의 수 N 을 최소로 만드는 x 를 구하려면 N 을 x 로 미분하면 된다.

$$\begin{aligned}\frac{dN}{dx} &= \log_e I \times \frac{d}{dx}\frac{x}{\log_e x} \\ &= \log_e I \times \frac{x' \log_e x - x(\log_e x)'}{(\log_e x)^2} \quad \text{(분수식의 미분법)} \\ &= \log_e I \times \frac{\log_e x - x \cdot \frac{1}{x}}{(\log_e x)^2} \\ &= \log_e I \times \frac{\log_e x - 1}{(\log_e x)^2}\end{aligned}$$

따라서 이것이 0 일 때

$$\log_e x - 1 = 0 \Leftrightarrow x = e = 2.718\cdots\cdots$$

이 전후에서 $\frac{dN}{dx}$ 의 부호가 음에서 양으로 변화하므로, 기억 소자의 수 N 은 e 진수를 사용했을 때 최소가 된다. 즉, 수를 나타내는 가장 경제적인 방식은 e 진법이다.

네이피어와 계산기

기계를 이용한 계산 방법을 생각한 사람은 상당히 오래 전부터 있었다. 가령 스코틀랜드의 수학자인 존 네이피어(John Napier, 1550~1617)는 구구단이 인쇄된 막대 몇 개를 사용해 큰 수의 곱셈을 쉽게 할 수 있는 '네이피어 계산 막대'라는 계산기를 발명했다.

존 네이피어
(수학자, 물리학자, 천문학자.
1550~1617)

네이피어는 네이피어 계산 막대를 발명한 뒤 20년에 걸쳐 대수를 만들어냈다. 대수란 '곱셈을 덧셈으로, 나눗셈을 뺄셈으로 바꾸는 계산'이다. 대수 덕분에 천문학적인 계산이 훨씬 간단해졌다. 수많은 천문학자와 수학자를 도운 계산 방법이라고 할 수 있겠다. 앞에서 소개한 x진법을 구하는 계산에서도 대수가 활약했다.

네이피어는 자신이 생각한 대수 속에 훗날 '네이피어 상수'라는 이름이 붙은 수 e가 숨어 있으리라고는 꿈에도 짐작하지 못했을 것이다. 또한 미래의 기계식 계산기(컴퓨터)에 최적인 진법이 e진법일 줄은……. 만약 네이피어가 이 사실을 알았다면 틀

림없이 깜짝 놀랐을 것이다.

수의 세계뿐만 아니라 우리가 살고 있는 우주에는 '어떤 발견이 전혀 다른 문제의 해답으로 이어지는' 신기한 현상이 존재한다. 여러분의 주변에 있는 탁상용 전자계산기나 컴퓨터에도 이런 수의 신비가 숨어 있는 것이다.

이상한 나라의 소수

소수는 변덕쟁이

소수(素數)는 근원적이고 기본적이며 본질적인 수다. 소수의 출현에는 규칙성이 없으며 그 비밀은 아직도 어둠 속에 있지만, 그 비밀을 풀기 위해 노력하는 과정에서 '새로운 세계'가 발견되고 있다. 소수에 대한 연구는 대단히 수준 높은 연구를 이끌어내 수학을 더욱 높은 경지로 끌어올렸다.

소수는 수학뿐만 아니라 현대인의 생활을 지탱하는 가장 중요한 수이기도 하다. 수 세기에 걸쳐 수학자들을 매료시키고 있는 소수. 그중에서도 특히 독특한 소수의 그룹을 소개하겠다.

소수에는 아직도 해결되지 않은 문제가 많은데, 그중에서도 유명한 것이 '쌍둥이 소수'에 관한 예상이다. 쌍둥이 소수란 '두 수의 차(差)가 2인 소수의 쌍'으로, 1916년에 스테켈(Paul Stäckel, 1862~1919)이 이름을 붙였다. 쌍둥이 소수는 작은 순서대로 (3, 5), (5, 7), (11, 13), (17, 19)…… 등이 있는데, 이것이 무한히 있을 것으로 예상되지만 아직 증명되지는 않았다.

"쌍둥이 소수의 역수의 합은 1.902160583104……이다"라는 것은 무슨 뜻일까? 노르웨이의 수학자 비고 브룬(Viggo Brun, 1885~1978)은 이 합이 '수렴함(하나의 값이 됨)'을 증명했다. 이 수를 '브룬 상수'라고 부른다.

만약 쌍둥이 소수의 역수의 합이 수렴하지 않고 무한대로 발산함(한없이 커짐)이 증명되었다면 쌍둥이 소수는 무한하다는 뜻이 된다. 그러나 그렇지가 않았다. '쌍둥이 소수의 역수의 합은

쌍둥이 소수 예상

p와 $p+2$가 모두 소수인 소수 p가 무한히 존재한다.
그리고 그 역수의 합은 1.902160583104……다.

현재까지 발견된 가장 큰 쌍둥이 소수 열 개

순위	소수	자리수	발견 년도
1	$3,756,801,695,685 \times 2^{666,669} \pm 1$	200,700	2011
2	$65,516,468,355 \times 2^{333,333} \pm 1$	100,355	2009
3	$2,003,663,613 \times 2^{195,000} \pm 1$	58,711	2007
4	$194,772,106,074,315 \times 2^{171,960} \pm 1$	51,780	2007
5	$100,314,512,544,015 \times 2^{171,960} \pm 1$	51,780	2006
6	$16,869,987,339,975 \times 2^{171,960} \pm 1$	51,779	2005
7	$33,218,925 \times 2^{169,690} \pm 1$	51,090	2002
8	$22,835,841,624 \times 7^{54,321} \pm 1$	45,917	2010
9	$1,679,081,223 \times 2^{151,618} \pm 1$	45,651	2012
10	$84,966,861 \times 2^{140,219} \pm 1$	42,219	2012

브룬 상수

$$\left(\frac{1}{3}+\frac{1}{5}\right)+\left(\frac{1}{5}+\frac{1}{7}\right)+\left(\frac{1}{11}+\frac{1}{13}\right)+\left(\frac{1}{17}+\frac{1}{19}\right)+\left(\frac{1}{29}+\frac{1}{31}\right)+\cdots\cdots$$

$$= 1.902160583104\cdots\cdots$$

유한한 값으로 수렴함'을 브룬이 증명한 것이다. 그 수가 바로 '1.902160583104……'다.

브룬 정수가 알려주는 사실은 쌍둥이 소수의 수가 유한한지 무한한지 알 수 없다는 것이다. '쌍둥이 소수 예상'은 여전히 수수께끼인 채로 남아 있다.

'사촌 소수'와 '섹시 소수'

두 수의 차가 4인 소수의 쌍을 '사촌 소수(cousin primes)'라고 한다. 작은 순서대로 나열하면 (3, 7), (7, 11), (13, 17), (19, 23), (37, 41), (43, 47), (67, 71), (79, 83), (97, 101)…… 등이다.

그 밖에도 재미있는 이름의 소수가 많다. 두 수의 차가 6인 소수의 쌍은 '섹시 소수(sexy primes)'라고 한다. 라틴어로 6이 'sex'라는 데서 유래한 이름이다. 작은 순서대로 나열하면 (5, 11), (7, 13), (11, 17), (13, 19), (17, 23), (23, 29), (31, 37), (37, 43), (41, 47), (47, 53), (53, 59), (61, 67), (67, 73), (73, 79), (83, 89), (97, 103)…… 등이다. 2009년에는 1만 1,593자리의 섹시 소수 쌍이 발견되었다.

또 세 수의 차가 6인 소수의 조합(p, p+6, p+12)은 '세쌍둥이 섹시 소수(sexy prime triplets)'라고 부른다. 작은 순서대로 나열하면, (7, 13, 19), (17, 23, 29), (31, 37, 43), (47, 53, 59), (67, 73, 79), (97, 103, 109)…… 등이다.

다만 p+12 다음의 p+18이 소수가 아닐 경우에만 세쌍둥이 섹시 소수라고 하며, p+18도 소수일 경우의 조합(p, p+6, p+12, p+18)은 '네쌍둥이 섹시 소수(sexy prime quadruplets)'라고 부른다. 작은 순서대로 나열하면, (5, 11, 17, 23), (11, 17, 23, 29), (41, 47, 53, 59), (61, 67, 73, 79)…… 등이다.

참고로 다섯 소수의 조합(p, p+6, p+12, p+18, p+24)은 '다섯쌍둥이 섹시 소수(sexy prime quintuplets)'라고 하는데 (5, 11, 17, 23, 29)뿐이다.

사람들은 난해하기 짝이 없는 소수의 세계를 과감히 탐사해 다양한 소수의 프로필을 발견해낸다. 그리고 '이름을 부여받은 소수들'은 사람들에게 알려진다.

소수에는 아직 발견되지 않은 규칙성이 숨어 있는지 모른다. 어쩌면 소수는 이상한 수의 나라에서 즐겁게 놀면서 우리가 자신들을 발견해주기만을 손꼽아 기다리는지도 모른다.

이 책 『초 · 초 재밌어서 밤새 읽는 수학 이야기』는 『재밌어서 밤새 읽는 수학 이야기』와 『초 재밌어서 밤새 읽는 수학 이야기』에 이은 시리즈 제3편이다. 나는 이 책에서 '세상은 수학으로 이루어져 있다'는 것을 독자 여러분에게 전하고 싶었다.

수학. 이 말에서 무엇을 느끼는가. 아마 사람마다 다를 것이다. 수학을 싫어해서 수학이라는 말만 들어도 귀를 막거나 눈을 돌리고 싶어진다면, 그것은 참으로 안타까운 일이다.

인류는 서로 이야기를 나누기 위해 언어를 만들었다. 우리는 언어를 사용해서 생각하고 의사소통을 꾀한다. 다만 나라나 지방에 따라 사용하는 언어가 다르다는 커다란 한계가 있다. 이른바 '언어의 벽'이다.

반면 수학은 그런 다양한 언어를 초월한 존재다. 무엇인가를 셀 때는 수가 부수적으로 따라오는데, 1이라는 수나 점이라는 형태는 눈앞에 꺼내서 만질 수 없는 존재다.

우리는 오랜 시간에 걸쳐 주변에 보이는 물건의 배후에 있는 보이지 않는 수와 도형의 비밀을 밝혀왔다. 나아가 눈에 보이지 않는 수와 도형의 비밀 사이에서 더욱 깊은 관계를 발견하기에 이르렀다. 그것이 수학이다. 수학을 통해 우리는 보이는 것 이상의 사실을 손에 넣을 수 있었다.

수학은 오늘을 사는 우리의 생활을 지탱하고 성립시킨다고 해도 과언이 아니다. 이 책에서도 현대 수학이 컴퓨터와 인터넷의 세계를 어떻게 지탱하고 있는지에 대해 이야기했다. 또한 물리학에서의 우주나 마이크로의 세계, 공학에서의 정밀도 높은 물건 만들기, 그리고 경제학에서의 시장 등 인간이 손에 넣을 수 없는 세계를 장악할 수 있었던 것은 수학 덕분이다.

'세계는 수학으로 이루어져 있다.'

이것은 세계의 일부분인 우리도 '수학적 존재', 즉 수학으로 이루어져 있다는 뜻이다. 교과서의 산수, 수학이 잘 이해되지 않는다고 해서 수학을 포기하는 것은 매우 안타까운 일이다. 인간에게만 주어진 특권인 수학의 매력과 재미를 깨닫는다면 커다란 즐거움과 감동을 얻게 될 것이다.

수학은 여러분의 바로 곁에 숨어 있으면서 관심을 받을 날이 오기를 기다리고 있다. 오늘날처럼 수학을 공부하기에 적합한 시대는 없었다. 선인(先人)이 준비하고 쌓아 올린 성과 덕분에 아직 보지 못했던 수의 세계를 엿볼 수 있기 때문이다. 서두르지 말고, 당황하지 말고, 포기하지 말고 수학의 문을 두드리길 바란다. 언젠가는 자신만의 수학의 문이 활짝 열릴 것이다.

여러분이 수학의 매력과 재미를 깨닫는 데 이 책이 조금이나마 도움이 된다면 그보다 기쁜 일은 없을 것이다.

계산은 여행

수식이라는 열차가 이퀄이라는 레일 위를 달리네

여행자에게는 꿈이 있다네

낭만을 추구하는 끝없는 계산의 여행

아직 보지 못한 풍경을 찾아 오늘도 여행을 계속한다네

사쿠라이 스스무

참고문헌

- 『이와나미 수학 입문 사전(岩波数学入門辞典)』, 이와나미서점(岩波書店).
- 일본 수학회 편집, 『이와나미 수학 사전(岩波数学辞典)』(제4판), 이와나미서점.
- 클로드 E. 섀넌(Claude Elwood Shannon) · 워렌 위버(Warren Weaver) 지음, 『통신의 수학적 이론(通信の数学的理論)』, 지쿠마학예문고(ちくま学芸文庫).
- 비르첸코(N. A. Virchenko) 편저, 『수학 명언집(数学名言集)』, 오타케출판(大竹出版).
- 브루스 베른트(Bruce C. Berndt) 지음, 『라마누잔 서한집(ラマヌジャン書簡集)』, 슈피겔 페어락 도쿄.
- 네가미 세이야(根上生也) 지음, 『사람들에게 가르쳐주고 싶어지는 수학(人に教えたくなる数学)』, 소프트뱅크크리에이티브.
- 히라야마 아키라(平山諦) 지음, 『에도 수학의 역사(和算の歴史)』, 지쿠마학예문고.

초·초 재밌어서 밤새 읽는 수학 이야기

초판 1쇄 발행 2015년 7월 22일
초판 7쇄 발행 2022년 7월 12일

지은이 사쿠라이 스스무
옮긴이 김정환
감수자 계영희

발행인 김기중
주간 신선영
편집 민성원, 정은미, 백수연
마케팅 김신정, 김보미
경영지원 홍운선

펴낸곳 도서출판 더숲
주소 서울시 마포구 동교로 43-1 (04018)
전화 02-3141-8301
팩스 02-3141-8303
이메일 info@theforestbook.co.kr
페이스북 · 인스타그램 @theforestbook
출판신고 2009년 3월 30일 제 2009-000062호

ISBN 978-89-94418-94-0 (03410)